時間 20分	とく点
合かく 40点	／50点

標準レベル 1 ひょうと グラフ

1 5人で 玉入れを して, 入った 数を まとめました。○ 1つは 玉 1こを あらわします。といに 答えましょう。(1つ5点)

(1) いちばん 多く 玉を 入れた 人は だれですか。

(2) ともやさんは もえさんより 何こ 多く 玉を 入れましたか。

				○	
				○	
				○	
				○	
		○		○	
		○		○	
○	○	○		○	
○	○	○	○	○	○
○	○	○	○	○	○
○	○	○	○	○	○
○	○	○	○	○	○
○	○	○	○	○	○
ゆりか	ともや	あいり	ゆうき	も	え

(3) 同じ 数の 玉を 入れたのは だれと だれですか。

(4) 5人が 入れた 玉を あわせると 何こに なりますか。

2 の 中に いろいろな 形が あり〔…〕数を ひょうに 書きましょう。また, 〔…〕って グラフに あらわしましょう。(ひょう〔…〕)

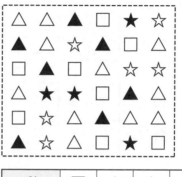

形	□	△	▲	☆	★
数(こ)					

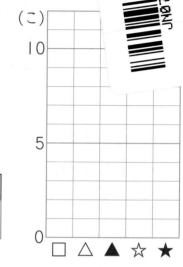

(こ)

3 右の グラフは すすむさんの クラスで した 10点まん点の 算数の テストの けっかを あらわした ものです。といに 答えましょう。(1つ5点)

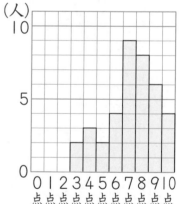

(人)

(1) いちばん とった 人が 多い 点数は 何点ですか。

(2) 6点より 高い 点数の 人は 何人ですか。

上級レベル 2 ひょうと グラフ

1

右の ひょうは 5人の 子どもが 5月に 図書かんで かりた 本の 数を 「正」の 字を つかって あらわした ものです。といに 答えましょう。(1つ5点)

ゆりか	正正丁
ともや	正下
あいり	正正正
ゆうき	正一
もえ	正正正正

(1) いちばん 多く かりた 人は 何さつ かりましたか。

(2) いちばん 少なかった 人は 何さつ かりましたか。

(3) あいりさんは ゆうきさんより 何さつ 多く かりましたか。

(4) もえさんは ともやさんより 何さつ 多く かりましたか。

(5) 5人 あわせて 何さつ かりましたか。

2

5月の 天気を しらべて ひょうに まとめました。といに 答えましょう。(1つ5点)

日	1	2	3	4	5	6	7	8	9	10	11	12	13	14	15
天気	○	◎	○	○	◎	●	●	○	◎	○	○	○	◎	●	○

16	17	18	19	20	21	22	23	24	25	26	27	28	29	30	31
○	○	○	○	◎	◎	●	◎	○	○	○	◎	●	●	●	○

(○…晴れ, ◎…くもり, ●…雨)

(1) 雨の 日は ぜんぶで 何日 ありましたか。

(2) 晴れの 日は くもりの 日より 何日 多く ありましたか。

(3) 晴れの 日は いちばん 多くて 何日間 つづきましたか。

3

つぎの グラフの あらわして いる 大きさは どれだけですか。(1つ5点)

(1) (人)
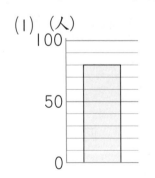

(2) (こ)
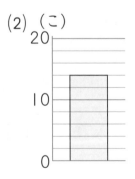

時間 20分	とく点
合かく 40点	50点

標準レベル 3

いちの あらわしかた

1
12人の 子どもが 下のように すわって います。といに 答えましょう。(1つ5点)

	1れつ目	2れつ目	3れつ目	4れつ目
前↑	よしお	みちこ	たけし	よしこ
↓	たかし	けいこ	としや	ようこ
後ろ	まもる	さおり	ゆうき	ともこ

(1) 2れつ目に すわって いる 人は だれですか。

(2) 4れつ目の 前から 2番目の 人は だれですか。

(3) としやさんは 何れつ目の 前から 何番目ですか。

(4) さおりさんは 何れつ目の 後ろから 何番目ですか。

2
下のように, ○が ならんで います。といに 答えましょう。(1つ5点)

○○○○○○○○○○○○○○○

(1) 左から 7こ目の ○を ぬりつぶしましょう。
○○○○○○○○○○○○○○○

(2) 右から 3この ○を ぬりつぶしましょう。
○○○○○○○○○○○○○○○

(3) 左から 10こ目の ○は, 右から 何こ目ですか。

3
10さつの 本が よこに ならんで います。よしえさんは 左から 5番目の 本を 読みました。ともやさんは 右から 4番目までの 本を ぜんぶ 読みました。といに 答えましょう。(1つ5点)

(1) よしえさんが 読んだ 本は 右から 何番目ですか。

(2) どちらが 多く 本を 読みましたか。

(3) 2人が 読んだ 本は あわせて 何さつですか。

1回 20回 40回 60回 80回 100回 120回 ゴール

シール

べん強した日
〔　　月　　日〕

時間	とく点
20分	
合かく	
35点	/50点

上級レベル 4 いちの あらわしかた

1 子どもが よこ 1れつに ならんで います。といに 答えましょう。(1つ7点)

(1) ゆうきさんは 左から 8番目，右から 7番目に ならんで います。子どもは みんなで 何人ですか。

[　　　　　]

(2) まもるさんは 左から 10番目に ならんで います。まもるさんは 右から 何番目に ならんで いますか。

[　　　　　]

2 20人の 子どもが よこ 1れつに ならんで います。としゆきさんは 左から 4番目に ならんで います。あきこさんは 右から 9番目に ならんで います。としゆきさんと あきこさんの 間には 何人の 子どもが ならんで いますか。(10点)

[　　　　　]

3 右の 図で アの いちを （4の3）と あらわします。といに 答えましょう。(1つ7点)

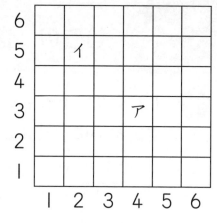

(1) イの いちを あらわしましょう。

（　　の　　）

(2) （3の6）の いちに ○を つけましょう。

4 右の 図で ●の いちを （イの2），◎の いちを （キの3）と あらわします。といに 答えましょう。(1つ6点)

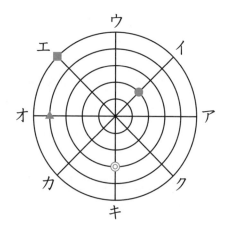

(1) ■の いちを あらわしましょう。

（　　の　　）

(2) ▲の いちを あらわしましょう。

（　　の　　）

1回 20回 40回 60回 80回 100回 120回 GOAL

シール

べん強した日

〔　　　月　　　日〕

時間 20分	とく点
合かく 40点	50点

標準レベル 5　たし算の　ひっ算 (1)

1 たし算を　しましょう。(1つ3点)

(1)
```
  36
+ 51
```

(2)
```
  32
+ 46
```

(3)
```
  19
+ 23
```

(4)
```
  37
+ 48
```

(5)
```
  47
+ 47
```

(6)
```
  54
+ 16
```

2 たし算を　あん算で　しましょう。(1つ2点)

(1) 50+28

(2) 32+20

(3) 33+65

(4) 25+52

(5) 83+16

(6) 33+44

3 たけしさんの　クラスは　男の子が　15人　女の子が　12人です。みんなで　何人ですか。(5点)

4 水そうの　中に　赤い　金魚が　34ひき，黒い　金魚が　18ひき　およいで　います。金魚は　ぜんぶで　何びき　およいで　いますか。(5点)

5 ひろきさんは　カードを　42まい　もって　います。兄は　ひろきさんより　25まい　多くもって　います。兄は　カードを　何まい　もって　いますか。(5点)

6 ゆかりさんは，本を　きのうは　37ページ，今日は　26ページ　読みました。きのうと　今日で　あわせて　何ページ　読みましたか。(5点)

上級レベル 6 たし算の　ひっ算 (1)

1 たし算を　しましょう。(1つ2点)

(1)
```
  79
+ 13
```

(2)
```
  18
+ 38
```

(3)
```
  52
+ 26
```

(4)
```
  47
+ 33
```

(5)
```
  25
+ 66
```

(6)
```
  39
+ 44
```

2 たし算を　あん算で　しましょう。(1つ3点)

(1) 26+5

(2) 88+8

(3) 65+29

(4) 19+57

(5) 36+46

(6) 42+28

3 まなみさんは　なわとびを　47回　とびました。やすしさんは　まなみさんより　15回　多く　とびました。やすしさんは　何回　とびましたか。(5点)

4 公園に　はとが　28羽　います。そこに　はとが　7羽　とんで　きました。はとは　ぜんぶで　何羽に　なりましたか。(5点)

5 ひろしさんは　海で　貝がらを　24こ　ひろいました。お父さんは　ひろしさんより　15こ　多く　ひろいました。といに　答えましょう。(1つ5点)

(1) お父さんは　貝がらを　何こ　ひろいましたか。

(2) ひろしさんと　お父さんは　あわせて　貝がらを　何こ　ひろいましたか。

標準レベル **7**　たし算の　ひっ算 (2)

時間 20分	とく点
合かく 40点	50点

1 □に　あてはまる　数を　書きましょう。(1つ3点)

(1)
```
  3 □
+ □ 2
─────
  7 8
```

(2)
```
  5 1
+ 2 □
─────
  □ 6
```

(3)
```
  2 6
+ 1 □
─────
  □ 0
```

(4)
```
  3 □
+ □ 9
─────
  8 3
```

(5)
```
  1 □
+ □ 8
─────
  9 5
```

(6)
```
  3 □
+ □ 3
─────
  7 0
```

2 たし算を　しましょう。(1つ3点)

(1) 12+13+14

(2) 24+25+26

(3) 18+26+43

(4) 24+19+56

3 まん中の　数と　まわりの　数を　たした　答えを
外がわに　書きましょう。(□1つ1点)

(1)　(2)

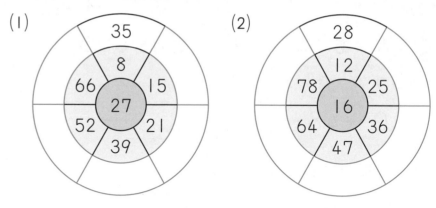

4 まさとさんは　弟に　カードを　15まい　あげた
ので　もって　いる　カードが　47まいに　なり
ました。まさとさんは　はじめ　カードを　何まい
もって　いましたか。(5点)

5 赤い　おはじきが　32こ　あります。青い　おは
じきは　赤い　おはじきより　16こ　多く　あり
ます。おはじきは　ぜんぶで　何こ　ありますか。

(5点)

1 □に あてはまる 数を 書きましょう。（□1つ2点）

(1) 8 ずつ たしましょう。

$40 \rightarrow 48 \rightarrow \boxed{} \rightarrow \boxed{} \rightarrow \boxed{}$

(2) 13 ずつ たしましょう。

$26 \rightarrow 39 \rightarrow \boxed{} \rightarrow \boxed{} \rightarrow \boxed{}$

(3) 17 ずつ たしましょう。

$17 \rightarrow \boxed{} \rightarrow \boxed{} \rightarrow \boxed{} \rightarrow 85$

2 となり どうしの 数を たして 下の □に 書きましょう。（□1つ1点）

(1)

19　22　35

$\boxed{}$　57

$\boxed{}$

(2)
16　7　8　21

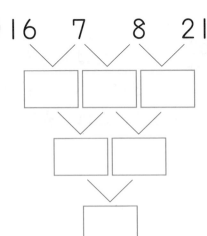

$\boxed{}$　$\boxed{}$　$\boxed{}$

$\boxed{}$　$\boxed{}$

$\boxed{}$

3 たし算を しましょう。（1つ3点）

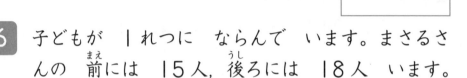

```
(1)    35        (2)    19        (3)    57
       28               43                8
     +20             +26             +13
   ------          ------          ------
```

4 あさみさんは いま 8才です。お父さんは あさみさんより 28才 年上です。おじいさんは お父さんより 25才 年上です。おじいさんは 何才ですか。（5点）

$\boxed{}$

5 いなかから かきが おくられて きました。となりの 家に 12こ，むかいの 家に 18こ あげたので，29こ のこりました。おくられて きた かきは 何こですか。（5点）

$\boxed{}$

6 子どもが 1れつに ならんで います。まさるさんの 前には 15人，後ろには 18人 います。子どもは みんなで 何人 いますか。（5点）

$\boxed{}$

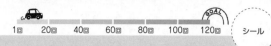

1回 20回 40回 60回 80回 100回 120回
シール

べん強した日
[　　月　　日]

時間 **20**分
とく点

合かく **40**点　　50点

標準レベル 9　ひき算の　ひっ算（1）

1 ひき算を　しましょう。(1つ3点)

(1)　　67
　　 −45

(2)　　88
　　 −51

(3)　　93
　　 −23

(4)　　33
　　 −15

(5)　　86
　　 −39

(6)　　70
　　 −22

2 ひき算を　あん算で　しましょう。(1つ2点)

(1) 37−20

(2) 68−38

(3) 96−74

(4) 69−22

(5) 53−31

(6) 59−27

3 あやさんは　85円　もって　います。50円の
けしごむを　買(か)うと　何円(なんえん)　のこりますか。(5点)

4 かなさんの　学校の　2年生は　92人います。こ
のうち，男の子は　47人です。女の子は　何人
ですか。(5点)

5 かずやさんの　お父(とう)さんは　おじいさんより　29
才(さい)　年下です。おじいさんは　61才です。お父さ
んは　何才ですか。(5点)

6 くりひろいで　たかしさんは　くりを　45こ　ひ
ろいました。ともやさんは　くりを　63こ　ひろ
いました。どちらが　何こ　多(おお)く　ひろいましたか。
(5点)

 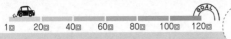

上級
レベル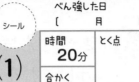

べん強した日
[月   日]

時間 **20分**
合かく **35点**

とく点
50点

ひき算の ひっ算 (1)

1 ひき算を しましょう。(1つ3点)

(1)
```
   52
 - 26
```

(2)
```
   90
 - 45
```

(3)
```
   61
 - 48
```

(4)
```
   86
 - 28
```

(5)
```
   73
 - 67
```

(6)
```
   41
 - 14
```

2 ひき算を あん算で しましょう。(1つ2点)

(1) 52−8

(2) 30−9

(3) 50−16

(4) 93−27

(5) 66−59

(6) 83−38

3 ひろしさんの 学校の 2年生は 92人で, そのうち 男の子は 49人です。1年生は 88人で, そのうち 女の子は 45人です。といに 答えましょう。(1つ5点)

(1) 2年生の 女の子は 何人 いますか。

(2) 2年生の 男の子は 1年生の 男の子より 何人 多いですか。

4 しょうたさんは 80円 もって います。弟は 60円 もって います。しょうたさんが チョコレートを 買ったので もって いる お金が 弟より 18円 少なく なりました。といに 答えましょう。(1つ5点)

(1) しょうたさんの もって いる お金は いくらに なりましたか。

(2) チョコレートは いくらでしたか。

標準レベル 11

1回 20回 40回 60回 80回 100回 120回

べん強した日 [　　月　　日]

時間 20分
合かく 40点
とく点 50点

ひき算の　ひっ算 (2)

1 ひき算を　しましょう。（1つ2点）

(1)
```
  3 5
- 1 7
```

(2)
```
  8 0
- 4 1
```

(3)
```
  6 4
- 4 6
```

(4)
```
  5 8
- 2 9
```

(5)
```
  7 2
- 4 5
```

(6)
```
  9 1
- 2 8
```

2 ひき算を　あん算で　しましょう。（1つ2点）

(1) 33−15

(2) 53−37

(3) 81−74

(4) 66−29

(5) 48−19

(6) 76−38

3 □に　あてはまる　数を　書きましょう。（1つ3点）

(1)
```
  9 □
-□ 2
─────
  4 5
```

(2)
```
  □ 8
- 2 □
─────
  3 6
```

(3)
```
  □ 6
- 1 □
─────
  5 9
```

(4)
```
  9 □
-□ 9
─────
  3 3
```

(5)
```
  7 2
-□ □
─────
  2 7
```

(6)
```
  3 0
-□ □
─────
    8
```

4 赤い　バスには　45人が　のって　います。白い　バスには　48人が　のって　います。といに　答えましょう。（1つ4点）

(1) どちらが　何人　多く　のって　いますか。

（答え欄）

(2) 赤い　バスから　19人，白い　バスから　21人が　おりました。バスには　あわせて　何人が　のって　いますか。

（答え欄）

 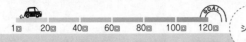 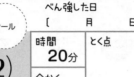

上級レベル 12 ひき算の ひっ算 (2)

1 □に あてはまる 数を 書きましょう。(1つ3点)

(1)
```
   8 □
 -   □ 6
 ─────
   3 6
```

(2)
```
   3 8
 + □ □
 ─────
   6 2
```

(3)
```
   □ 6
 -   1
 ─────
   5 0
```

(4)
```
   2 □
 + □ 5
 ─────
   8 3
```

(5)
```
   7 7
 - □ □
 ─────
   5 1
```

(6)
```
   □ 6
 + 4 □
 ─────
   9 2
```

2 たし算や ひき算を しましょう。(1つ3点)

(1) 52+15−34

(2) 62−29+39

(3) 90−22−66

(4) 44+38−56

3 42人が 1れつに ならんで います。ゆかさんの 前には 18人 ならんで います。ゆかさんの 後ろには 何人 ならんで いますか。 (5点)

```
┌─────────┐
│         │
└─────────┘
```

4 画用紙が 80まい あります。さとしさんが 27まい つかい 弟が 25まい つかいました。画用紙は 何まい のこって いますか。(5点)

```
┌─────────┐
│         │
└─────────┘
```

5 たて, よこ, ななめの どの 3つの 数を たしても 87に なるように します。あいて いる ところに あてはまる 数を 書きましょう。

(□1つ2点)

32		30
28		26

13 最上級レベル ①

時間 20分	とく点
合かく 40点	50点

1 右の ひょうは 4人の 子どもが ひろった あきかんの 数を 「正」の字を つかって あらわした ものです。といに 答えましょう。

はるき	正正正一
ひろと	正正下F
さくら	正正下
まなみ	正丁

(1つ4点)

(1) ひろとさんの 「正」の字の 書き方が まちがって います。正しく 書き直しましょう。

(2) 4人 あわせて ぜんぶで あきかんを 何こ ひろいましたか。

2 つぎの 計算を しましょう。(1つ3点)

(1)
```
  68
+ 24
```

(2)
```
  39
+ 47
```

(3)
```
  46
+ 26
```

(4)
```
  83
− 37
```

(5)
```
  72
− 63
```

(6)
```
  97
− 66
```

3 子どもが よこ 1れつに ならんで います。といに 答えましょう。(1つ6点)

(1) たかしさんは 左から 10番目,右から 5番目に ならんで います。みんなで 何人ですか。

(2) なつみさんの 左には 6人 ならんでいます。なつみさんの 右には 何人 ならんで いますか。

4 いなかから りんごが おくられて きました。となりの 家に15こ,むかいの 家に 25こ あげたので,50こ のこりました。りんごは 何こ おくられて きましたか。(6点)

5 バスに 23人 のって いました。ていりゅうじょで 5人が おりて,何人かのって きたので,今 バスには 31人が のって います。何人 のって きましたか。(6点)

1回 20回 40回 60回 80回 100回 120回

シール

べん強した日
[　　月　　日]

時間 **20分**
合かく **40点**
とく点 　　／50点

14 最上級レベル ②

1 □に あてはまる 数を 書きましょう。(1つ3点)

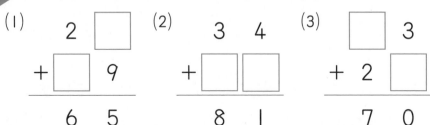

(1)
```
  2 □
+ □ 9
─────
  6 5
```

(2)
```
  3 4
+ □ □
─────
  8 1
```

(3)
```
  □ 3
+ 2 □
─────
  7 0
```

(4)
```
  6 □
- □ 5
─────
  1 3
```

(5)
```
  9 0
- □ □
─────
  4 4
```

(6)
```
  □ 7
- 4 □
─────
  3 9
```

2 くふうして 計算しましょう。(1つ4点)

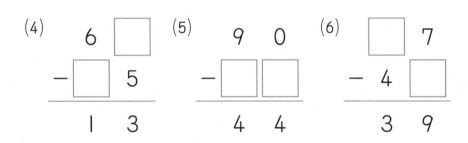

(1) 1+2+3+4+5+6+7+8+9

(2) 100−34−26

(3) 13+38+17+22

(4) 31+46+69−30−45−68

3

たかしさんは カードを 36まい,兄は 55まい もって います。2人の カードを あわせると,としきさんの もって いる カードより 16まい 多く なります。としきさんは カードを 何まい もって いますか。(5点)

4

子どもが 1れつに ならんで います。ひさしさんの 前には 24人,後ろには 17人 います。子どもは みんなで 何人 いますか。(5点)

5

おばあさんは だいすけさんより 64才 年上で,お父さんは だいすけさんより 33才 年上です。おばあさんは お父さんより 何才 年上ですか。
(6点)

標準レベル **15**　**1000 までの　数 (1)**

時間 **20分**　とく点
合かく **40点**　　　50点

1 つぎの　数を　数字で　書きましょう。(1つ3点)

(1) 100 を　6 こと　10 を　7 こと　1 を　2 こ
あわせた　数

(2) 100 を　3 こと　10 を　7 こ　あわせた　数

(3) 100 を　3 こと　1 を　7 こ　あわせた　数

2 □に　あてはまる　数を　書きましょう。(□1つ2点)

(1) 570 は　100 を　5 こと　□を　7 こ
あわせた　数です。

(2) 408 は　□を　4 こと　1 を　□こ
あわせた　数です。

(3) 10 を　75 こ　あつめた　数は　□です。

3 つぎの　数を　数字で　書きましょう。(1つ3点)

(1) 六百十九　　(2) 九百六　　(3) 四百八十

4 数の　小さい　じゅんに　ならべましょう。(1つ4点)

(1) 250　350　300　400

□ → → →

(2) 456　645　564　546

□ → → →

(3) 810　801　892　793

□ → → →

5 □に　あてはまる　数を　書きましょう。(□1つ2点)

(1) 400－450－□－□－600

(2) 770－780－□－□－810

(3) 404－402－□－□－396

15

上級レベル 16 1000までの 数 (1)

1 つぎの 数を 数字で 書きましょう。(1つ4点)

(1) 100を 2こと 10を 36こと 1を 7こ あわせた 数

(2) 290より 10 大きい 数

(3) 100を 7こと 1を 56こ あわせた 数

2 数の線で □に あてはまる 数を 書きましょう。(□1つ4点)

(1)
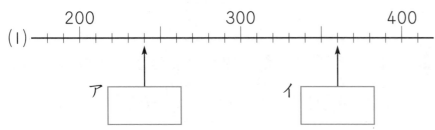

(2)
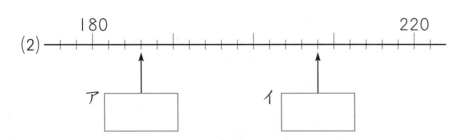

3 1, 3, 4, 9 の 4まいの カードの うち, 3まいを つかって 3けたの 数を つくります。といに 答えましょう。(1つ6点)

(1) いちばん 小さい 数を つくりましょう。

(2) 400に いちばん 近い 数を つくりましょう。

4 ちょ金ばこの 中に 100円玉が 5まい, 10円玉が 12まい 1円玉が 25まい 入っています。といに 答えましょう。(1つ5点)

(1) ぜんぶで いくら 入って いますか。

(2) ちょ金ばこの お金から 100円玉を 1まい, 10円玉を 5まい 1円玉を 7まい つかいました。 いくら のこって いますか。

標準レベル 17 1000までの 数 (2)

1 □に あてはまる 数を 書きましょう。(1つ3点)

(1) 300 より 1 大きい 数は ［　　　　］です。

(2) 600 より 1 小さい 数は ［　　　　］です。

(3) 725 = ［　　　　］+20+5

(4) 473 = ［　　　　］+170+3

2 たし算を しましょう。(1つ2点)

(1) 200+400   (2) 200+40

(3) 200+4   (4) 240+40

(5) 240+400   (6) 240+4

3 □に ＞か ＜を 入れましょう。(1つ2点)

(1) 699 □ 701   (2) 861 □ 816

(3) 四百一 □ 四百十   (4) 二百九 □ 210

(5) 五百九十六 □ 五百六十九

4 ⓪, ①, ②, ③, ④ の 5まいの カードの うち, 3まいを つかって 3けたの 数を つくります。といに 答えましょう。(1つ4点)

(1) いちばん 小さい 数を つくりましょう。

［　　　　］

(2) いちばん 大きい 数を つくりましょう。

［　　　　］

(3) 2番目に 大きい 数を つくりましょう。

［　　　　］

(4) 250 に いちばん 近い 数を つくりましょう。

［　　　　］

1000までの 数 (2)

1 数の線を 見て 答えましょう。(□1つ4点)

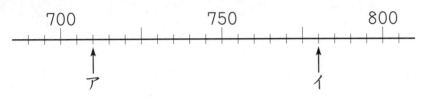

(1) めもり 1つの 大きさは いくつですか。

(2) アと イの 数は それぞれ いくつですか。

ア [　　　] イ [　　　]

(3) アと イの まん中に ある 数は いくつですか。

2 ひき算を しましょう。(1つ4点)

(1) 500−200　　(2) 520−500

(3) 500−20　　(4) 500−2

3 0, 4, 5, 7, 8, 9 の 6まいの カードの うち, 3まいを つかって 3けたの 数を つくります。といに 答えましょう。(1つ4点)

(1) 5番目に 大きい 数を つくりましょう。

(2) 百のくらいが 4で ある 数の うち, いちばん 小さい 数を つくりましょう。

(3) 500に いちばん 近い 数を つくりましょう。

4 百のくらいの 数が 5で, 十のくらいの 数が 百のくらいの 数より 大きく, 一のくらいの 数が 十のくらいの 数より 大きい 3けたの 数は ぜんぶで 6こ あります。ぜんぶ 書きましょう。(1つ1点)

たし算の ひっ算 (3)

1 たし算を しましょう。(1つ3点)

(1)　　93
　　 +35

(2)　　51
　　 +62

(3)　　76
　　 +83

(4)　　94
　　 +56

(5)　　49
　　 +53

(6)　　65
　　 +87

2 まん中の 数と まわりの 数を たした 答えを 外がわに 書きましょう。(□1つ1点)

(1)
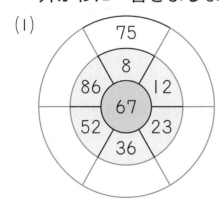

(2)
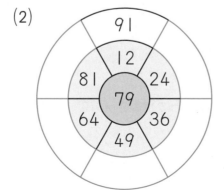

3 学校の 2年生は 男の子が 85人で 女の子が 91人です。2年生は みんなで 何人ですか。(4点)

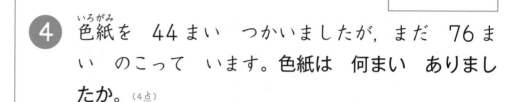

4 色紙を 44まい つかいましたが, まだ 76まい のこって います。色紙は 何まい ありましたか。(4点)

5 テストで 算数が 95点, 国語が 85点でした。あわせて 何点ですか。(4点)

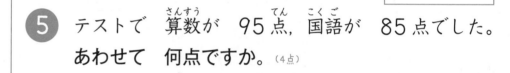

6 84円の アイスクリームを 2つ 買いました。だい金は 2つで いくらですか。(5点)

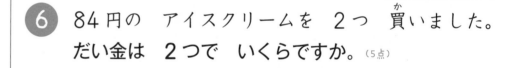

7 本を きのうは 76ページ, 今日は きのうより 15ページ 多く 読みました。ぜんぶで 何ページ 読みましたか。(5点)

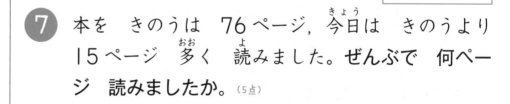

たし算の ひっ算 (3)

1 たし算を しましょう。 (1つ3点)

(1)
```
  158
+  37
```

(2)
```
  173
+  56
```

(3)
```
  272
+  49
```

(4)
```
  587
+  94
```

(5)
```
  168
+ 147
```

(6)
```
  349
+ 454
```

2 たし算を ひっ算で しましょう。 (1つ3点)

(1) 87+53   (2) 256+76   (3) 393+178

3 つぎの たし算を くふうして しましょう。 (1つ3点)

(1) 50+83+50   (2) 38+74+26

(3) 26+57+74+43+68

4 とおるさんは 山で どんぐりを 95こ ひろいました。まさおさんは どんぐりを とおるさんより 23こ 多く ひろいました。といに 答えましょう。 (1つ3点)

(1) まさおさんは どんぐりを 何こ ひろいましたか。

(2) 2人で あわせて 何こ ひろいましたか。

5 あかねさんは もって いた お金で 126円の ノートと, 298円の ペンを 買いましたが, まだ 76円 のこって います。といに 答えましょう。 (1つ4点)

(1) ノートと ペンで あわせて いくらですか。

(2) あかねさんは いくら もって いましたか。

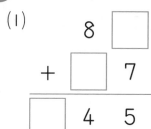

標準レベル 21　たし算の　ひっ算 (4)

べん強した日　[　　月　　日]

時間 20分　合かく 40点　とく点 ／50点

1 □に　あてはまる　数を　書きましょう。(1つ4点)

(1)
```
    8 □
  +  □ 7
  ─────
  □ 4 5
```

(2)
```
  □ 7 4
  +   4 □
  ─────
  3 □ 5
```

(3)
```
  7 □ 7
  +   7 □
  ─────
  □ 3 3
```

(4)
```
  □ 4 □
  + 2 5 5
  ─────
  6 □ 3
```

2 たし算を　しましょう。(1つ3点)

(1)
```
    6 2
    8 9
  + 4 6
```

(2)
```
    5 4
    7 2
  + 4 9
```

(3)
```
    6 4
    6 5
  + 6 6
```

3 きょうこさんの　学校には　1年生が　108人,　2年生が　116人, 3年生が　127人　います。といに　答えましょう。(1つ5点)

(1) 1年生と　2年生で　あわせて　何人ですか。

(2) 1年生と　2年生と　3年生で　あわせて　何人ですか。

4 ケーキやで　チーズケーキが　1こ　357円, イチゴケーキが　1こ　315円で　売られて　います。といに　答えましょう。(1つ5点)

(1) チーズケーキ　2こで　いくらですか。

(2) チーズケーキと　イチゴケーキを　1こずつ　買うと　いくらですか。

5 ひろしさんは　もって　いた　カードの　うち 48まいを　弟に　あげて, 52まいを　友だちに　あげたので, のこりが　365まいに　なりました。 ひろしさんは　カードを　何まい　もって　いましたか。(5点)

21

1 たし算を　しましょう。(1つ3点)

(1)　　463
　　＋263

(2)　　278
　　＋622

(3)　　603
　　＋378

(4)　　555
　　＋286

(5)　　176
　　＋249

(6)　　489
　　＋387

2 □に　あてはまる　数を　書きましょう。(1つ3点)

(1)　□ 5 □
　＋ 4 □ 3
　　7 2 9

(2)　4 □ 7
　＋ 3 5 □
　□ 2 5

(3)　1 □ 5
　＋ □ 9 3
　　6 1 □

(4)　5 □ 8
　＋ □ 1 □
　　7 9 2

3 ひろみさんは　おはじきを　168こ　もって　います。ゆかさんは　ひろみさんより　54こ　多く，ともこさんより　39こ　少ないそうです。といに答えましょう。(1つ5点)

(1)ともこさんは　おはじきを　何こ　もって　いますか。

(2)3人の　おはじきは　あわせて　何こですか。

4 ひろきさんは　ビー玉を　189こ　もって　います。としゆきさんが　ひろきさんに　ビー玉を　67こ　あげると，としゆきさんの　ビー玉は　256こに　なりました。2人の　ビー玉は　あわせて　何こですか。(5点)

5 145＋147＋149＋151＋153＋155　を　くふうして　計算しましょう。(5点)

1回 20回 40回 60回 80回 100回 120回 GOAL

シール

べん強した日
[　　月　　日]

時間 20分
合かく 40点

とく点 50点

標準レベル 23 ひき算の ひっ算 (3)

1 ひき算を しましょう。(1つ3点)

(1)
```
  156
-  29
```

(2)
```
  119
-  34
```

(3)
```
  366
-  95
```

(4)
```
  126
-  77
```

(5)
```
  225
-  41
```

(6)
```
  432
-  68
```

2 ひき算を ひっ算で しましょう。(1つ3点)

(1) 106−32　　(2) 215−35　　(3) 200−86

3 たして 100に なるように しましょう。(1つ2点)

(1) 53 と [　　　]

(2) 19 と [　　　]

(3) 67 と [　　　]

(4) 35 と [　　　]

(5) 26 と [　　　]

(6) 72 と [　　　]

4 120ページの 本を 76ページまで 読みました。あと 何ページ のこって いますか。(3点)

[　　　]

5 63円の おかしを 買って 100円 はらいました。おつりは いくらですか。(4点)

[　　　]

6 たつやさんの 学校の 2年生は 203人で, 1年生より 25人 多いそうです。1年生は 何人ですか。(4点)

[　　　]

 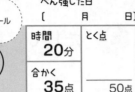
上級レベル 24　ひき算の　ひっ算 (3)

1 ひき算を　しましょう。(1つ3点)

(1)
```
  2 1 8
-   7 2
```

(2)
```
  1 8 4
-   5 9
```

(3)
```
  3 4 1
-   6 3
```

(4)
```
  4 6 3
- 1 5 7
```

(5)
```
  8 1 1
- 1 8 8
```

(6)
```
  7 0 0
- 3 6 5
```

2 ひき算を　あん算で　しましょう。(1つ2点)

(1) 950−420

(2) 540−170

(3) 430−260

(4) 700−350

(5) 640−140

(6) 280−190

3 □に　あてはまる　数を　書きましょう。(1つ3点)

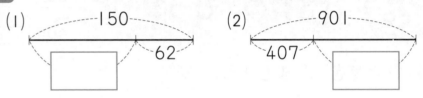

(1) 150 / 62

(2) 901 / 407

4 125人が　2台の　バスに　のります。前の　バスに　61人　のると，後ろの　バスには　何人が　のりますか。(4点)

5 赤い　花と　白い　花が　さいて　います。赤い　花は　265本で，白い　花より　72本　多いそうです。白い　花は　何本　さいて　いますか。(5点)

6 500円　もって　お店へ　行き，1こ　128円の　ポテトフライを　2こ　買いました。おつりは　いくら　もらえますか。(5点)

1回 20回 40回 60回 80回 100回 120回 GOAL シール

べん強した日
[　　月　　日]

時間 **20**分
合かく **40**点

とく点
　　　/**50**点

標準レベル 25 ひき算の ひっ算 (4)

1 ひき算を しましょう。(1つ3点)

(1)　　723
　　－369

(2)　　673
　　－245

(3)　　314
　　－306

(4)　　500
　　－226

(5)　　826
　　－562

(6)　　543
　　－345

2 ひき算を ひっ算で しましょう。(1つ3点)

(1) 608－280　　(2) 923－357　　(3) 413－192

3 □に あてはまる 数を 書きましょう。(1つ3点)

(1)
```
  1 □ 7
－   8 □
─────────
    3 5
```
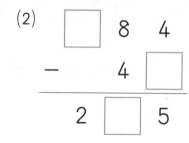

(2)
```
  □ 8 4
－   4 □
─────────
  2 □ 5
```

(3)
```
  □ 4 2
－   8 □
─────────
  3 □ 5
```
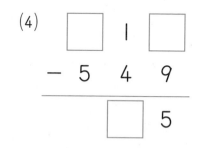

(4)
```
  □ 1 □
－ 5 4 9
─────────
    □ 5
```

4 はたけで みかんが 500こ とれました。その うち 177こ 食べました。あと 何こ のこって いますか。(5点)

5 287ページの 本を きのうは はじめから 74ページ，今日は その つづきから 84ページを 読みました。あと 何ページ のこって いますか。

(6点)

べん強した日　[　　月　　日]

時間 20分　とく点
合かく 35点　　50点

1 □に あてはまる 数を 書きましょう。(1つ5点)

(1)
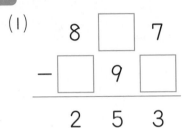

(2)
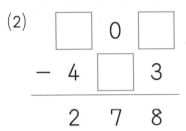

(3)
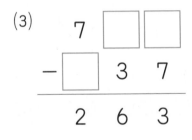

(4)

```
  9 □ 6
- 2 8 □
-------
  □ 8 9
```

2 □に あてはまる 数を 書きましょう。(1つ5点)

(1)
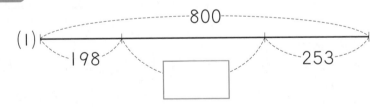

(2)
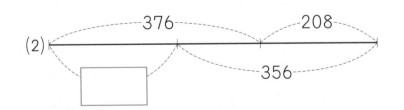

3 1年生と 2年生と 3年生を あわせると 524人 います。1年生と 2年生を あわせると 343人で, 3年生は 2年生より 6人 多いです。1年生は 何人いますか。(6点)

4 592まいの シールを ひろきさんと 兄と 弟で 分けました。兄が 205まい とり, ひろきさんは 兄より 18まい 少なく とり, のこりを 弟が とりました。弟は 何まい とりましたか。(7点)

5 けいじさんは おかしやで 189円の ポテトチップスを 1ふくろと, 283円の チョコレートを 1はこ 買いました。同じ チョコレートをもう 1はこ 買いたかったのですが, お金が 35円 たりませんでした。けいじさんは いくらもって いましたか。(7点)

26

27 最上級レベル 3

1 数の線を 見て 答えましょう。(1つ2点)

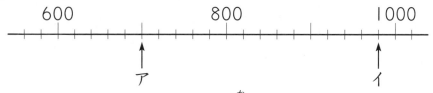

600　　　　　800　　　　　1000
　　　　ア　　　　　　　　　イ

(1) アの あらわす 数を 書きましょう。

(2) 1目もりは いくつを あらわして いますか。

(3) イは アより どれだけ 大きいですか。

2 つぎの 計算を しましょう。(1つ3点)

(1)
```
  298
+  56
```

(2)
```
  317
+467
```

(3)
```
  466
+235
```

(4)
```
  206
-  78
```

(5)
```
  576
-192
```

(6)
```
  813
-546
```

3
ひとしさんの 学校には 1年生が 176人 います。また 2年生と 3年生を あわせると 374人 います。1年生と 2年生と 3年生を あわせると ぜんぶで 何人ですか。(4点)

4
あかねさんは 84円の ノートと, 420円の ふでばこを 買いましたが, まだ 196円 のこって います。といに 答えましょう。(1つ5点)

(1) ノートと ふでばこで いくらですか。

(2) あかねさんは いくら もって いましたか。

5
0, 4, 8, 9 の 4まいの カードの うち, 3 まいを つかって 3けたの 数を つくります。といに 答えましょう。(1つ6点)

(1) いちばん 小さい 数を つくりましょう。

(2) 900に いちばん 近い 数を つくりましょう。

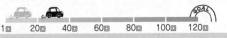
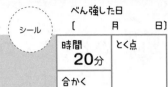
1回 20回 40回 60回 80回 100回 120回
シール
べん強した日
[　月　日]
時間 20分
合かく 40点
とく点
50点

28 最上級レベル ④

1 数の線を　見て　答えましょう。(□1つ4点)

ア　イ　ウ　エ

(1) アが　300で，ウが　400を　あらわすとき，イ
と　エは　それぞれ　いくつを　あらわしますか。

イ 　　　　　　　　　　エ 　　　　　　　　　　

(2) アが　650で，ウが　700を　あらわすとき，イ
と　エは　それぞれ　いくつを　あらわしますか。

イ 　　　　　　　　　　エ 　　　　　　　　　　

2 ⓪，⑤，⑥，⑦，⑧，⑨の　6まいの　カードの
うち，3まいを　つかって　3けたの　数を　つ
くります。といに　答えましょう。(1つ4点)

(1) 5番目に　大きい　数を　つくりましょう。

(2) 800に　いちばん　近い　数を　つくりましょう。

3 □に　あてはまる　数を　書きましょう。(1つ5点)

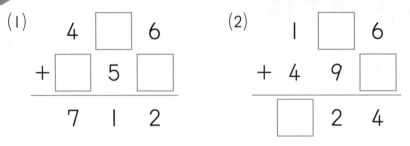

(1)
```
  4 □ 6
+ □ 5 □
―――――
  7 1 2
```

(2)
```
  1 □ 6
+ 4 9 □
―――――
  □ 2 4
```

(3)
```
  8 □ □
- □ 8 7
―――――
  6 1 3
```

(4)
```
  6 □ 0
- 2 7 □
―――――
  □ 7 4
```

4 ひろみさんは　おはじきを　212こ　もって　い
ます。ゆかさんは　ひろみさんより　75こ　少な
く，ともこさんより　49こ　多いそうです。3人
の　もって　いる　おはじきを　あわせると　何こ
になりますか。(6点)

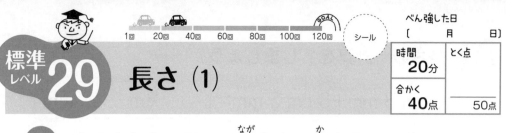

標準
レベル
29

長さ (1)

べん強した日
〔　　月　　日〕

時間	とく点
20分	
合かく **40点**	**50点**

1 ものさしを 見て 長さを 書きましょう。(1つ4点)

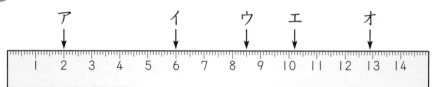

(1) 左の はしから ウまでの 長さ 　　 cm 　　 mm

(2) 左の はしから オまでの 長さ 　　 cm 　　 mm

(3) アから ウまでの 長さ 　　 cm 　　 mm

(4) イから エまでの 長さ 　　 cm 　　 mm

2 長い じゅんに ならべましょう。(1つ4点)

(1) 5 cm, 8 mm, 12 cm 　　 → 　　 → 　　

(2) 2 cm 3 mm, 25 mm, 1 cm 9 mm
　　 → 　　 → 　　

3 □に あてはまる 数を 書きましょう。(□1つ2点)

(1) 6 cm は 　　　　 mm です。

(2) 3 cm 5 mm は 　　　　 mm です。

(3) 47 mm は 　　　　 cm 　　　　 mm です。

(4) 123 mm は 　　　　 cm 　　　　 mm です。

(5) 105 mm は 　　　　 cm 　　　　 mm です。

4 白い ぼうの 長さは 12 cm 5 mm, 黒い ぼうの 長さは 8 cm 2 mm です。といに 答えましょう。(1つ5点)

(1) 2つの ぼうを あわせた 長さは 何 cm 何 mm ですか。

(2) 白い ぼうは 黒い ぼうより 何 cm 何 mm 長いですか。

長さ（1）

1 ア，イ，ウ，エの 線の 長さは 何cm何mm ですか。（1つ3点）

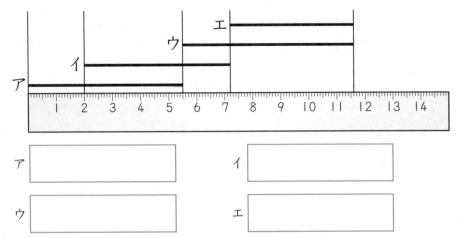

ア		イ	

ウ		エ	

2 □に あてはまる 数を 書きましょう。（1つ3点）

(1) 5cm が 2つで ［　　］cm です。

(2) 30cm が 3つで ［　　］cm です。

(3) 20mm が 4つで ［　　］cm です。

(4) 10cm 9mm は ［　　］mm です。

3 長さの 計算を しましょう。（1つ3点）

(1) 6cm 3mm＋8cm 5mm＝［　cm　　mm］

(2) 13cm 7mm－6cm 2mm＝［　cm　　mm］

(3) 5cm 7mm＋3cm 9mm＝［　cm　　mm］

(4) 12cm 4mm－5cm 6mm＝［　cm　　mm］

(5) 10cm－2cm 4mm＝［　cm　　mm］

(6) 12cm 5mm－78mm＝［　cm　　mm］

4 10cm 5mm の テープと 10cm 7mm の テープを のりで つないで，ぜんたいの 長さを 20cm に します。のりしろを 何cm何mm に すれば よいですか。（8点）

［　　　　　　］

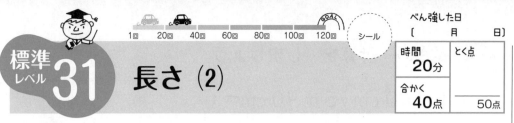

べん強した日
[　　月　　日]

時間	とく点
20分	
合かく	
40点	50点

1 左の はしからの 長さを 書きましょう。(1つ3点)

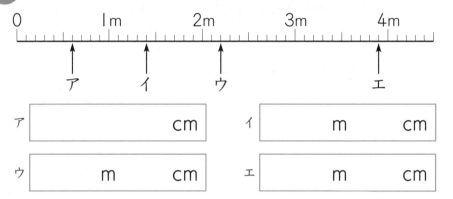

ア [　　　　] cm 　 イ [　　m　　cm]

ウ [　　m　　cm] 　 エ [　　m　　cm]

2 □に あてはまる 数を 書きましょう。(1つ3点)

(1) 300 cm=[　　] m 　 (2) 5 m=[　　] cm

(3) 2 m 23 cm=[　　] cm

(4) 1 m 5 cm=[　　] cm

3 みじかい じゅんに ならべましょう。(5点)
4 m, 48 cm, 480 cm, 4 m 8 cm, 5 m

[　　　　　　　　　　　　　　　]

4 長さの 計算を しましょう。(1つ3点)

(1) 5 m 30 cm+4 m 20 cm=[　　m　　cm]

(2) 9 m 80 cm−4 m 60 cm=[　　m　　cm]

(3) 2 m 50 cm+3 m 60 cm=[　　m　　cm]

(4) 12 m 40 cm−3 m=[　　m　　cm]

(5) 6 m 8 cm+4 m 50 cm=[　　m　　cm]

5 家と 学校の 間に ポストが あります。(3点)

家　　　ポスト　　　　　　　　　学校

—250m—　　—680m—

家から 学校まで 何m ありますか。

[　　　　　　　]

6 まいさんの せの 高さは 1 m 28 cm で お父さんは まいさんより 44 cm 高いです。お父さんの せの 高さは 何m何cm ですか。(3点)

[　　　　　　　]

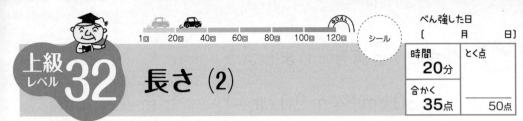

べん強した日 〔　月　日〕

時間 **20分**

合かく **35点**

とく点 **50点**

1 ア，イ，ウ，エの 線の 長さは 何m何cmで
すか。(1つ3点)

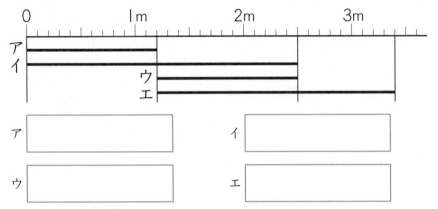

ア	

イ	

ウ	

エ	

2 ア～オの 長さに ついて 答えましょう。(1つ4点)

> ア　2m60cm　　イ　250cm　　ウ　2m6cm
>
> エ　240cm　　　オ　2m54cm

(1) いちばん 長いのは どれですか。

(2) たすと 5mに なるのは どれと どれですか。

3 長さの 計算を しましょう。(1つ4点)

(1) 1m60cm+5m90cm= □ m □ cm

(2) 2m10cm−80cm= □ m □ cm

(3) 1m75cm+190cm= □ m □ cm

(4) 10m−3m45cm= □ m □ cm

(5) 234cm+567cm= □ m □ cm

4 2mの テープから 70cmの テープを 2本
切りとります。のこりの テープは 何cmですか。
(5点)

5 赤い ぼうの 長さは 1m35cmで，青い ぼ
うは 赤い ぼうより 52cm 長いそうです。2
つの ぼうを あわせた 長さは 何m何cmで
すか。(5点)

時こくと　時間 (1)

1 時計を　見て　時こくを　答えましょう。(1つ4点)

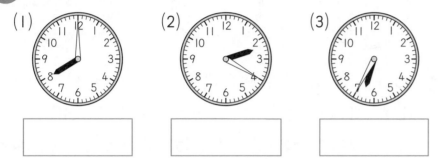

(1)　　　　　(2)　　　　　(3)

⬜　　　　⬜　　　　⬜

2 ⬜に　あてはまる　数を　書きましょう。(1つ3点)

(1) 1時間は ⬜分です。

(2) 1日は ⬜時間です。

(3) 午前8時から　午後8時までの　時間は

⬜時間です。

(4) 午前6時から　午前9時までの　時間は

⬜時間です。

(5) 午前10時から　午後3時までの　時間は

⬜時間です。

3 つぎの　時こくを　答えましょう。(1つ4点)

(1)　から　2時間　たった　時こく

⬜

(2)　の　15分前の　時こく

⬜

(3)　から　30分　たった　時こく

⬜

4 さやかさんは　午前8時に　学校に　つきました。みゆきさんは　さやかさんより　12分　おそく　学校に　つきました。**みゆきさんは　午前何時何分に　学校に　つきましたか。**(5点)

⬜

5 野きゅうの　しあいが　午後1時に　はじまり,　午後4時に　おわりました。**しあいは　何時間かかりましたか。**(6点)

⬜

時間 **20分**	とく点
合かく **35点**	/50点

べん強した日 [　月　　日]

1 時計を 見て 時こくを 答えましょう。(1つ3点)

(1)  (2)  (3)

2 □に あてはまる 数を 書きましょう。(1つ3点)

(1) 120分は ［　　　　　　］時間です。

(2) 1時間30分は ［　　　　　］分です。

(3) 105分は ［　時間　　　分］です。

(4) 午前8時の 6時間後は 午後［　　　］時です。

(5) 午後1時の 6時間前は 午前［　　　］時です。

3 時計の はりを かきましょう。(1つ4点)

(1) 2時30分　(2) 10時10分　(3) 6時45分

4 ゆうたさんは 午前8時5分に 学校に つきました。けいごさんは ゆうたさんより 30分 早く 学校に つきました。けいごさんは 午前何時何分に 学校に つきましたか。(4点)

［　　　　　　　　　　　　　　　　　］

5 かなさんは 午前7時48分に 家を 出て 午前8時に 学校に つきました。学校まで 何分 かかりましたか。(5点)

［　　　　　　　　　　　　　　　　　］

6 じろうさんは 午前10時に あそびに 出かけて 7時間後に 帰って きました。帰って きた 時こくを 午前か 午後を つけて 答えましょう。(5点)

［　　　　　　　　　　　　　　　　　］

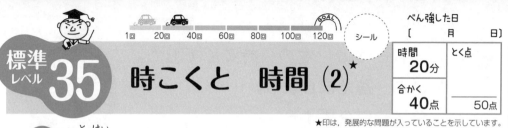

標準レベル 35　時こくと　時間（2）★

★印は，発展的な問題が入っていることを示しています。

1 時計の　はりを　かきましょう。（1つ4点）

(1) 8 時 35 分から　25 分　たった　時こく

(2) 6 時 10 分の　30 分前の　時こく

(3) 11 時 30 分から　1 時間 40 分　たった　時こく

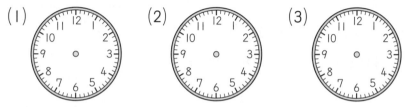

(1)　　　　　(2)　　　　　(3)

2 つぎの　計算を　しましょう。（1つ3点）

(1) 1 時間 20 分 + 2 時間 10 分 = ［　時間　　分］

(2) 7 時間 12 分 + 4 時間 28 分 = ［　時間　　分］

(3) 3 時間 50 分 - 2 時間 36 分 = ［　時間　　分］

(4) 5 時間 30 分 - 1 時間 27 分 = ［　時間　　分］

(5) 2 時間 40 分 + 40 分 = ［　時間　　分］

3 午前 9 時に　公園に　ついて，1 時間 40 分　あそびました。あそびおわった　時こくは　午前何時何分ですか。（6点）

［　　　　　　　　　］

4 午前 10 時 40 分に　バスに　のり，2 時間 30 分後に　バスを　おりました。バスを　おりた　時こくを　午前か　午後を　つけて　答えましょう。（6点）

［　　　　　　　　　］

5 けいこさんは　午後 7 時 5 分から　1 時間 30 分テレビを　見て，そのあと　べんきょうして　午後 9 時に　ねました。といに　答えましょう。

(1) テレビを　見おわったのは　午後何時何分ですか。（5点）

［　　　　　　　　　］

(2) 何分間　べんきょうしましたか。（6点）

［　　　　　　　　　］

上級レベル 36　時こくと　時間 (2)★

1　つぎの　計算を　しましょう。(1つ4点)

(1) 1時間45分＋2時間35分＝ ◻時間 ◻分

(2) 4時間58分＋3時間27分＝ ◻時間 ◻分

(3) 3時間10分−1時間42分＝ ◻時間 ◻分

(4) 5時間11分−2時間31分＝ ◻時間 ◻分

2　何時間何分　ありますか。(1つ5点)

(1)  から　　まで

午前　　　　　午前

[　　　　　　　　　　　]

(2)  から　　まで

午前　　　　　午後

[　　　　　　　　　　　]

3　朝　おきると　右の　時こくでした。といに　答えましょう。(1つ4点)

(1) 午前何時何分ですか。

[　　　　　　　　　　　]

(2) おきてから　1時間15分後に　家を　出ました。家を　出たのは　午前何時何分ですか。

[　　　　　　　　　　　]

(3) 学校に　ついたのは　午前8時27分でした。学校まで　何分　かかりましたか。

[　　　　　　　]

4　学校の　じゅぎょうは　午前8時35分に　はじまって，40分の　じゅぎょうが　3回あり，じゅぎょうと　じゅぎょうの　間には　10分の　休みが　ありました。じゅぎょうが　おわったのは　午前何時何分ですか。(6点)

[　　　　　　　　　　　]

5　午前7時12分に　たいようが　出て，午後5時40分に　しずみました。たいようが　出て　いた　時間は　何時間何分ですか。(6点)

[　　　　　　　　　　　]

標準レベル **37** かけ算（1）

時間 **20**分
合かく **40**点　とく点　／50点

1 □に あてはまる 数を 書きましょう。（1つ2点）

(1) □□□ は □ の □ ばいです。

(2) □□□□ は □□ の □ ばいです。

(3) □□（2行）は □□ の □ ばいです。

(4) □□□（2行）は □□ の □ ばいです。

(5) □□□□□（2行）は □ の □ ばいです。

2 □に あてはまる 数を 書きましょう。（1つ3点）

(1) 6の 3つ分は 6×□

(2) 3＋3＋3＋3＋3＋3＋3＝3×□

(3) 7＋7＋7＝7×□

(4) 3×5 は 3×4 より □ 大きい。

(5) 5×6 は 5×□ より 5 小さい。

3 □に あてはまる 数を 書きましょう。（1つ3点）

(1) 4 8 □ 16 □

(2) 5 10 □ □ 25

(3) 9 □ 27 36 □

4 □に あてはまる しきや ことばを 書きましょう。（1つ2点）

(1) 8の 2ばいを □ と 書きます。

(2) 3×7 で 3を □ 数と いいます。

(3) 3×7 で 7を □ 数と いいます。

5 かけ算の しきと 答えを 書きましょう。計算は たし算で しましょう。（1つ5点）

(1) 1はこ 8こ入りの グミが 3はこ あります。グミは ぜんぶで 何こ ありますか。

(しき) □ （答え) □

(2) 4人のりの 車が 4台 あります。ぜんぶで 何人 のれますか。

(しき) □ （答え) □

1 □に あてはまる 数を 書きましょう。(1つ2点)

(1) △▽ は △ の □ ばいです。

(2) △▽△▽ は ▽ の □ ばいです。

(3) △ は ▽ の □ ばいです。

(4) △△△△ は △▽ の □ ばいです。

(5) ⬡ は △ の □ ばいです。

2 □に あてはまる 数を 書きましょう。(1つ2点)

ア　イ　ウ　エ　オ

(1) エは アの □ ばい　(2) ウは イの □ ばい

(3) エは イの □ ばい　(4) ウは アの □ ばい

(5) オは イの □ ばい　(6) オは ウの □ ばい

3 □に あてはまる 数を 書きましょう。(1つ4点)

(1) 8 — 16 — □ — 32 — □

(2) 6 — 12 — □ — □ — 30

(3) 7 — □ — 21 — □ — 35

4 かけ算の しきと 答えを 書きましょう。計算は たし算で しましょう。

(1) 6こ入りの チョコレートの はこが 3はこ あります。チョコレートは ぜんぶで 何こ ありますか。(5点)

(しき) □　　(答え) □

(2) 5人の 子どもたちに 1人 4まいずつ 画用紙を くばります。画用紙は 何まい いりますか。(5点)

(しき) □　　(答え) □

(3) 右の 図には ○が 何こ ありますか。(6点)

○○○○○○
○○○○○○
○○○○○○
○○○○○○

(しき) □　　(答え) □

べん強した日 [　　月　　日]

時間 20分	とく点
合かく 40点	50点

1 かけ算を しましょう。(1つ1点)

(1) 2×3　　　　(2) 3×4

(3) 4×5　　　　(4) 5×3

(5) 3×5　　　　(6) 2×4

(7) 5×2　　　　(8) 4×4

(9) 5×5　　　　(10) 3×3

2 かけ算を しましょう。(1つ2点)

(1) 3×7　　　　(2) 4×6

(3) 5×9　　　　(4) 2×8

(5) 3×6　　　　(6) 5×7

(7) 5×6　　　　(8) 4×7

(9) 3×8　　　　(10) 4×9

3 □に あてはまる 数を 書きましょう。(1つ1点)

(1) 4×□=32　　　(2) 2×□=14

(3) 3×□=9　　　(4) 5×□=40

(5) 2×□=8　　　(6) 4×□=24

(7) 3×□=15　　　(8) 5×□=20

4 しきと 答えを 書きましょう。(1つ4点)

(1) キャラメルを 1人 4こずつ 7人に くばります。キャラメルは ぜんぶで 何こ いりますか。

(しき)　　　　　　　　(答え)

(2) いすが 5きゃくずつ 8れつに ならんで います。いすは ぜんぶで 何きゃく ありますか。

(しき)　　　　　　　　(答え)

(3) 3本ずつの 花の たばが 6たば あります。花は ぜんぶで 何本 ありますか。

(しき)　　　　　　　　(答え)

1回 20回 40回 60回 80回 100回 120回　シール

べん強した日
[　　月　　日]

時間 **20分**
合かく **35点**
とく点
　　/50点

上級レベル 40　かけ算 (2)

1 かけ算を しましょう。(1つ2点)

(1) 5×7　　　　　(2) 3×8

(3) 4×3　　　　　(4) 5×9

(5) 3×4　　　　　(6) 2×9

(7) 5×6　　　　　(8) 4×7

(9) 2×6　　　　　(10) 3×7

2 □に あてはまる 数を 書きましょう。(1つ2点)

(1) 4の だんの 九九では, かける 数が 1 ふえると, 答えは □ ふえます。

(2) 3×6 は 3×□ より 3 小さい。

(3) 3×5 と 5×□ は 同じ 答えです。

(4) 3×8 と 4×□ は 同じ 答えです。

3 しきと 答えを 書きましょう。(1つ4点)

(1) 5人 のれる じどう車が 9台 あります。ぜんぶで 何人 のれますか。

(しき) □　　　　(答え) □

(2) 1日 3ページずつ 本を 読むと, 7日で 何ページ 読みますか。

(しき) □　　　　(答え) □

(3) 4mの ぼうを 6本 つないだ 長さは 何m に なりますか。

(しき) □　　　　(答え) □

4 えんぴつを 1人に 3本ずつ 9人に くばったら 25本 あまりました。といに 答えましょう。(1つ5点)

(1) ぜんぶで 何本 くばりましたか。しきと 答えを 書きましょう。

(しき) □　　　　(答え) □

(2) はじめに えんぴつは 何本 ありましたか。しきと 答えを 書きましょう。

(しき) □　　　　(答え) □

41 最上級レベル 5

1 時計を 見て 時こくを 答えましょう。(1つ4点)

(1)

(2)

(3)

2 左はしからの 長さを 答えましょう。(1つ2点)

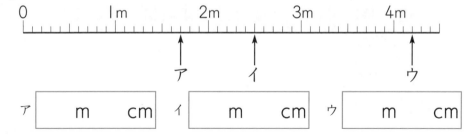

ア [　　m　　cm]　イ [　　m　　cm]　ウ [　　m　　cm]

3 かけ算を しましょう。(1つ2点)

(1) 5×6　　　　(2) 3×9

(3) 4×7　　　　(4) 5×5

(5) 3×6　　　　(6) 2×7

4 学校から 帰って くると 右の 時こくでした。といに 答えましょう。(1つ4点)

(1) ならいごとを して いて, 4 時 30 分に 家を 出なければ いけません。家を 出るまで あと 何分ですか。

[　　　　　　　]

(2) ならいごとから 帰って きたら 6 時 10 分でした。9 時に ねるまで あと 何時間何分 ありますか。

[　　　　　　　]

5 つぎの もんだいに 答えましょう。(1つ4点)

(1) 4 人の 子どもに 画用紙を 8 まいずつ くばろうと しましたが, 画用紙が 2 まい たりませんでした。画用紙は 何まい ありましたか。

[　　　　　　　]

(2) 1 m の テープから 42 cm の テープを 2 本 切りとると, テープは 何 cm のこりますか。

[　　　　　　　]

(3) 午前 10 時から 6 時間 たった 時こくは 午後 何時ですか。

[　　　　　　　]

 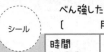

42 最上級レベル 6

1 何時間何分 ありますか。(1つ4点)

(1)  から まで
午前　　　　午前

(2)  から  まで
午前　　　　午後

2 □に あてはまる 数を 書きましょう。(1つ5点)

(1) 1時間 40分+45分= 　時間　　分

(2) 1m 70cm+ 4m 50cm= 　m　　cm

(3) 3時間 15分−1時間 30分= 　時間　　分

(4) 4m−1m 25cm= 　m　　cm

(5) 1日−8時間= 　時間

3
12cm 8mm の テープと 14cm 5mm の テープを のりで つないで 25cm に します。のりしろを 何cm何mm に すれば よいですか。(5点)

4
午後3時に 友だちと 会う やくそくを しました。まちあわせの ばしょまで 1時間 10分かかります。まちあわせの 5分前に つくには，午後何時何分に しゅっぱつすれば よいですか。(6点)

5
午前5時 57分に たいようが 出て，午後5時 36分に しずみました。たいようが 出て いた 時間は 何時間何分ですか。(6点)

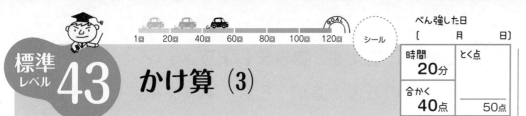

標準レベル 43 かけ算 (3)

1 かけ算を しましょう。 (1つ1点)

(1) 6×3　　　　　　(2) 9×4

(3) 7×5　　　　　　(4) 8×3

(5) 6×5　　　　　　(6) 8×4

(7) 7×2　　　　　　(8) 9×5

(9) 8×2　　　　　　(10) 9×3

2 かけ算を しましょう。 (1つ2点)

(1) 6×8　　　　　　(2) 9×7

(3) 8×7　　　　　　(4) 6×7

(5) 8×6　　　　　　(6) 9×8

(7) 6×6　　　　　　(8) 7×7

(9) 8×8　　　　　　(10) 9×9

3 □に あてはまる 数を 書きましょう。 (1つ1点)

(1) 9×□=54　　　　(2) 7×□=42

(3) 6×□=48　　　　(4) 8×□=40

(5) 9×□=18　　　　(6) 8×□=32

(7) 7×□=63　　　　(8) 6×□=36

4 しきと 答えを 書きましょう。 (1つ4点)

(1) キャラメルを 1人 6こずつ 4人に くばります。キャラメルは ぜんぶで 何こ いりますか。

(しき)　　　　　　　　(答え)

(2) 子どもが 7人ずつ 8れつに ならんで います。子どもは ぜんぶで 何人 いますか。

(しき)　　　　　　　　(答え)

(3) 8本ずつの 花の たばが 8たば あります。花は ぜんぶで 何本 ありますか。

(しき)　　　　　　　　(答え)

1 かけ算を しましょう。(1つ2点)

(1) 6×9　　　　　　(2) 7×3

(3) 8×9　　　　　　(4) 9×2

(5) 9×5　　　　　　(6) 6×5

(7) 7×4　　　　　　(8) 8×3

(9) 9×6　　　　　　(10) 6×7

2 □に あてはまる 数を 書きましょう。(1つ2点)

(1) 9 のだんの 九九では, かける 数が 1 ふえると, 答えは □ ふえます。

(2) 8×7 は 8×□ より 8 大きい。

(3) 9×4 と 4×□ は 同じ 答えです。

(4) 6×4 と 8×□ は 同じ 答えです。

3 しきと 答えを 書きましょう。(1つ4点)

(1) 6人 のれる 車が 5台 あります。ぜんぶで 何人 のれますか。

(しき) □　　　(答え) □

(2) 1日 8 ページずつ 本を 読むと, 8日で 何ページ 読みますか。

(しき) □　　　(答え) □

(3) 9 cm の ぼうを 4本 つないだ 長さは 何 cm に なりますか。

(しき) □　　　(答え) □

4 えんぴつを 1人に 8本ずつ 7人に くばったら 24本 あまりました。といに 答えましょう。(1つ5点)

(1) ぜんぶで 何本 くばりましたか。

(しき) □　　　(答え) □

(2) はじめに えんぴつは 何本 ありましたか。

(しき) □　　　(答え) □

標準レベル **45** **かけ算 (4)**

1 かけ算を しましょう。(1つ1点)

(1) 5×8　　(2) 8×3

(3) 7×1　　(4) 6×7

(5) 3×9　　(6) 8×2

(7) 4×9　　(8) 1×5

(9) 8×8　　(10) 2×7

2 □に あてはまる 数を 書きましょう。(1つ2点)

(1) 3×□=18　　(2) 7×□=35

(3) 9×□=27　　(4) 6×□=42

(5) 9×□=72　　(6) 4×□=36

(7) 5×□=25　　(8) 7×□=21

(9) 8×□=48　　(10) 2×□=18

3 つぎの もんだいに 答えましょう。(□1つ1点)

(1) 答えが 18に なる 九九を 4つ 書きましょう。

(2) 答えが 24に なる 九九を 4つ 書きましょう。

(3) 答えが 36に なる 九九を 3つ 書きましょう。

4 しきと 答えを 書きましょう。(1つ3点)

(1) 1日 8ページずつ 本を 読むと, 5日で 何ページ 読みますか。

(しき)　　(答え)

(2) 8人がけの ベンチが 6きゃく あります。ぜんぶで 何人が すわれますか。

(しき)　　(答え)

(3) 1週間は 7日 あります。4週間で 何日 ありますか。

(しき)　　(答え)

上級レベル 46　かけ算 (4)

べん強した日 〔　　月　　日〕

時間 20分	とく点
合かく 35点	50点

---

1 かけ算を しましょう。(1つ1点)

(1) 6×8　　　　(2) 5×5

(3) 9×5　　　　(4) 7×7

(5) 1×9　　　　(6) 3×6

(7) 2×6　　　　(8) 4×1

(9) 7×4　　　　(10) 8×9

2 まん中の 数と まわりの 数を かけた 答えを 外がわに 書きましょう。(□1つ1点)

(1)　　　　　　　　(2)

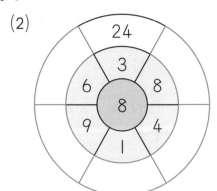

---

3 つぎの もんだいに 答えましょう。(□1つ1点)

(1) 答えが 12に なる 九九を 4つ 書きましょう。

(2) 答えが 8に なる 九九を 4つ 書きましょう。

(3) 答えが 16に なる 九九を 3つ 書きましょう。

4 つぎの もんだいに 答えましょう。

(1) 男の子が 4人と 女の子が 3人 います。みんなに 1人 4本ずつ えんぴつを くばると, えんぴつは 何本 いりますか。(6点)

(2) ボールが 6こ 入る はこが 3こと, ボールが 4こ 入る はこが 8こ あります。あわせて ボールは 何こ 入りますか。(6点)

(3) 1こ 8円の あめを 6こ 買いました。50円 はらうと おつりは いくらですか。(7点)

時間 20分	とく点
合かく 40点	50点

かけ算 (5)

1 つぎの もんだいに 答えましょう。(1つ5点)

(1) カメが 6ぴき います。足の 数は ぜんぶで 何本ですか。

(2) 1日に 8時間 はたらくと, 7日間で 何時間 はたらく ことに なりますか。

(3) 高さが 5cmの つみ木を 9こ つみました。つみ木の 高さは 何cmに なりますか。

(4) クラスで はんを つくると, 6人の はんが 3つと 5人の はんが 4つ できました。クラスの 人数は 何人ですか。

(5) 男の子は 7人ずつ 7れつに ならんで います。女の子は 8人ずつ 6れつに ならんで います。男の子と 女の子では どちらが 何人 多いですか。

2 つぎの もんだいに 答えましょう。(1つ5点)

(1) おり紙を 7人で 1人に 6まいずつ 分けましたが, まだ 3まい のこって います。おり紙は 何まい ありましたか。

(2) 1mの リボンから, 8cmの リボンを 7本 切りとりました。リボンは あと 何cm のこって いますか。

(3) 子どもたちが すわるのに 6人がけの いすを 9きゃく よういしましたが, まだ 3人が すわれません。子どもたちは 何人 いますか。

3 ○の 数は 何こですか。(1つ5点)

(1)

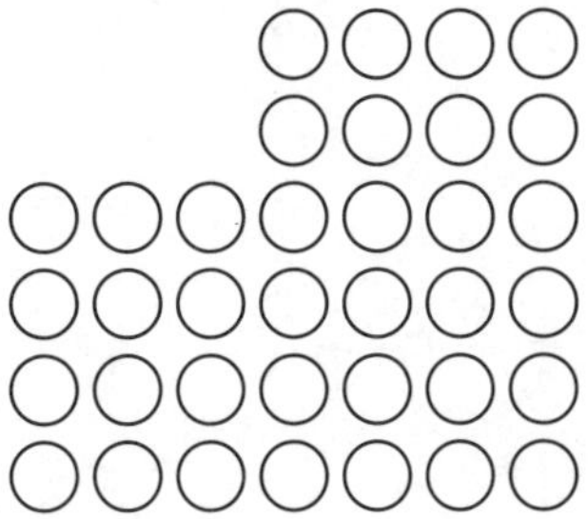

(2)

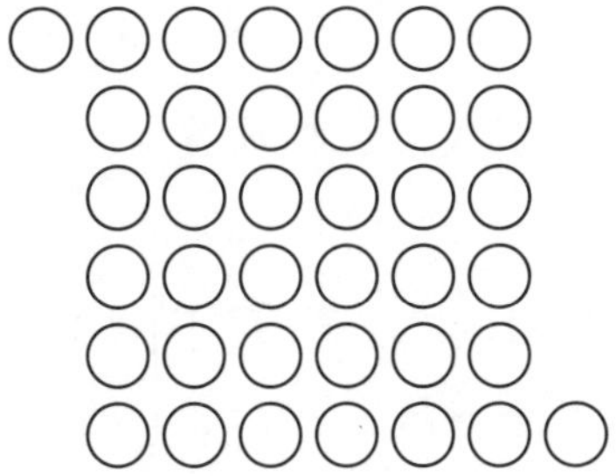

1回　20回　40回　60回　80回　100回　120回　GOAL

シール

べん強した日
[　　月　　日]

時間 20分	とく点
合かく 40点	50点

1 つぎの もんだいに 答えましょう。（1つ5点）

(1) 1つ 5点の もんだいが 20もんで 100点です。7つ まちがえると 何点に なりますか。

(2) 1週間は 7日です。6週間は 40日と あと 何日ですか。

(3) 1まい 3円の おり紙を 7まいと, 1まい 7円の 画用紙を 7まい 買うと, ぜんぶで いくらですか。

(4) 1ふくろ 6こ入りの パンを, なつみさんは 9ふくろ, ようこさんは 7ふくろ 買いました。なつみさんは ようこさんより パンを 何こ 多く 買いましたか。

(5) 1まい 9円の 画用紙を 7まい 買って, 500円 はらうと おつりは いくらですか。

2 つぎの もんだいに 答えましょう。（1つ5点）

(1) 1mの リボンから 7cmの リボンを 5本と, 8cmの リボンを 6本 切りとりました。リボンは 何cm のこって いますか。

(2) 線の 長さは ぜんぶで 何cmですか。

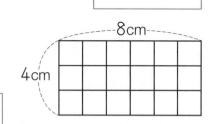

(3) ひごが 80本 あります。右の 形を 9こ つくると ひごは 何本 あまりますか。

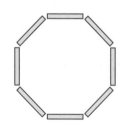

3 ○の 数は 何こですか。ただし ●は かぞえません。（1つ5点）

(1)

(2)

かけ算 (6)

1 右の ひょうは 九九の ひょうの いちぶです。ア ～オに あてはまる 数を 書きましょう。(1つ2点)

15	20	ア	30	35	40
18	24	30	36	イ	48
ウ	28	35	42	49	56
24	32	40	エ	56	オ

ア ☐　イ ☐　ウ ☐　エ ☐　オ ☐

2 九九を りようして つぎの かけ算を 考えます。☐に あてはまる 数を 書きましょう。(☐1つ2点)

(1) 12×4 は 10×4 と ☐×4 を あわせた ものだから, 12×4 の 答えは ☐ です。

(2) 13×3 は 10×☐ と 3×3 を あわせた ものだから, 13×3 の 答えは ☐ です。

(3) 16×4 は 10×4 と ☐×4 を あわせた ものだから, 16×4 の 答えは ☐ です。

3 50 から 70までの 数の うちで, 九九の 答えに なる 数を ぜんぶ 書きましょう。(8点)

☐

4 10 から 20までの 数の うちで, 九九の 答えに ならない 数を ぜんぶ 書きましょう。(8点)

☐

5 九九の ひょうの 中には, 右の 図のように 9この まん中が 24に なって いる ぶぶんが あります。といに 答えましょう。(1つ4点)

	24	

(1) ぜんぶで 何かしょ ありますか。

☐

(2) 24の 上の 数が 16のとき, 24の 下の数は 何ですか。

☐

(3) 24の 右上の 数が 25のとき, 24の 左下の 数は 何ですか。

☐

べん強した日　[　　月　　日]

時間 20分	とく点
合かく 35点	50点

1 右の　ひょうは　九九の　ひょうの　いちぶです。ア〜オに　あてはまる　数（かず）を　書（か）きましょう。（1つ3点）

16	ア		
		イ	40
ウ		36	
21		エ	オ

ア [　　]　イ [　　]　ウ [　　]　エ [　　]　オ [　　]

2 ねん土玉（●）と　竹ひご（──）を　つかって，右のような　形（かたち）を　つくりました。といに　答（こた）えましょう。（1つ5点）

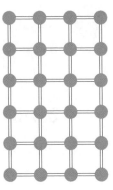

(1) ねん土玉を　何（なん）こ　つかいましたか。

[　　　　　　]

(2) 竹ひごを　何本　つかいましたか。

[　　　　　　]

3 九九の　ひょうの　中には，右の　図（ず）のように　9この　まん中が　25に　なって　いる　ぶぶんが　あります。まわりの　8この　数を　たすと　いくつですか。（7点）

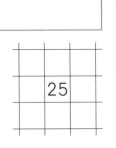

[　　　　　　]

4 つぎの　数は　ある　きまりで　ならんで　います。といに　答えましょう。（1つ4点）

7, 14, 21, 28, 35, ……

(1) 8番目（ばんめ）の　数は　何ですか。

[　　　　　　]

(2) 10番目の　数は　何ですか。

[　　　　　　]

(3) 15番目の　数は　12番目の　数より　いくつ　大きいですか。

[　　　　　　]

5 つぎの　□の　中に　5, 6, 7, 8の　数字（すうじ）を　1つずつ　入れて　計算（けいさん）が　あうように　しましょう。（6点）

[　　] × [　　] = [　　][　　]
（2けたの数）

標準レベル 51　10000までの　数 (1)

1 つぎの　数(かず)を　数字(すうじ)で　書(か)きましょう。(1つ3点)

(1) 1000 を　4こと　100 を　1こと　10 を　2こと　1 を　6こ　あわせた　数

(2) 1000 を　8こと　10 を　5こ　あわせた　数

(3) 1000 と　100 と　10 と　1 を　7こずつ　あわせた　数

2 □に　あてはまる　数を　書きましょう。(□1つ2点)

(1) 4200 は　1000 を　□こと　□ を　2こ　あわせた　数です。

(2) 9060 は　□ を　9こと　10 を　□こ　あわせた　数です。

(3) 100 を　37こ　あつめた　数は　□ です。

3 つぎの　数を　数字で　書きましょう。(1つ3点)

(1) 二千四百十九　(2) 五千八　(3) 八千七十

4 □に　あてはまる　数を　書きましょう。(□1つ2点)

(1) 4000 — 5000 — □ — □ — 8000

(2) 2400 — 2800 — □ — □ — 4000

(3) 7150 — 7100 — □ — □ — 6950

5 [1], [2], [3], [4] の　4まいの　カードを　つかって　4けたの　数を　つくります。といに　答(こた)えましょう。(1つ5点)

(1) いちばん　大きい　数を　つくりましょう。

(2) 2000 に　いちばん　近(ちか)い　数を　つくりましょう。

1回　20回　40回　60回　80回　100回　120回　シール

べん強した日	
[　　月　　日]	
時間 20分	とく点
合かく 35点	50点

1 つぎの　数を　数字で　書きましょう。(1つ4点)

(1) 1000が　2こと　100が　15こと　10が　6こ　あつまった　数

（　　　）

(2) 3900より　100　大きい　数

（　　　）

(3) 1000が　7こと　10が　36こ　あつまった　数

（　　　）

2 数の線で　□に　あてはまる　数を　書きましょう。(□1つ4点)

(1)
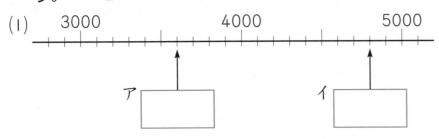

(2)
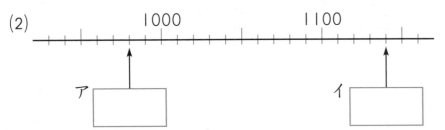

3 数の　大きい　じゅんに　ならべましょう。(1つ4点)

(1) 4090　4900　4009　4099

（　　　→　　　→　　　→　　　）

(2) 2693　2639　2906　2369

（　　　→　　　→　　　→　　　）

(3) 1111　2222　333　444

（　　　→　　　→　　　→　　　）

4 お父さんの　さいふの　中に　1000円さつが　8まい，100円玉が　16まい，10円玉が　25まい　入って　います。といに　答えましょう。(1つ5点)

(1) ぜんぶで　いくら　入って　いますか。

（　　　）

(2) さいふの　お金から　1000円さつを　2まい，100円玉を　5まい，10円玉を　6まい　つかいました。いくら　のこって　いますか。

10000 までの 数 (2)

① □に あてはまる 数を 書きましょう。(1つ3点)

(1) 9990 より 10 大きい 数は □ です。

(2) 10000 より 1 小さい 数は □ です。

(3) 10000 より 900 小さい 数は □ です。

(4) 5160 = □ + 1100 + 60

② たし算を しましょう。(1つ2点)

(1) 2000+4000　　(2) 2000+400

(3) 200+4000　　(4) 2000+40

(5) 2400+4000　　(6) 2400+400

③ □に >か <を 入れましょう。(1つ2点)

(1) 9870 □ 10000　(2) 3600 □ 3070

(3) 五千五十 □ 五千五百　(4) 四千三 □ 4020

(5) 三千七百二十九 □ 三千九百七十二

④ [0],[1],[2],[3],[4]の 5まいの カードの うち, 4まいを つかって 4けたの 数を つくります。といに 答えましょう。(1つ4点)

(1) いちばん 大きい 数を つくりましょう。
□

(2) いちばん 小さい 数を つくりましょう。
□

(3) 3番目に 小さい 数を つくりましょう。
□

(4) 3100に いちばん 近い 数を つくりましょう。
□

10000までの 数 (2)

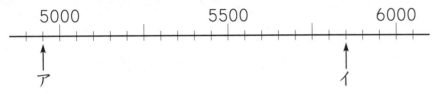
1回 20回 40回 60回 80回 100回 120回
シール

べん強した日 [月 日]

時間 20分
合かく 35点
とく点 50点

1 数の線を 見て 答えましょう。(□1つ4点)

5000　　　　　5500　　　　　6000

↑ア　　　　　　　　↑イ

(1) 目もり 1つの 大きさは いくつですか。

(2) アと イの 数は それぞれ いくつですか。

ア [　　　]　イ [　　　]

(3) アと イの まん中に ある 数は いくつですか。

2 ひき算を しましょう。(1つ3点)

(1) 5000−3000　　(2) 5300−5000

(3) 5300−300　　(4) 5000−300

3 [0], [4], [5], [7], [8], [9] の 6まいの カードの うち, 4まいを つかって 4けたの 数を つくります。といに 答えましょう。(1つ4点)

(1) 4番目に 大きい 数を つくりましょう。

(2) 百のくらいが 4で ある 数の うち, いちばん 小さい 数を つくりましょう。

(3) 8000に いちばん 近い 数を つくりましょう。

4 あやさんは お年玉を おじいさんと おばあさん から 2000円ずつ, しんせきの おじさんから 3000円 もらいました。といに 答えましょう。(1つ5点)

(1) ぜんぶで いくら もらいましたか。

(2) あと 何円で 10000円に なりますか。

べん強した日
[月 日]

時間 20分	とく点
合かく 40点	50点

1 かけ算を しましょう。(1つ1点)

(1) 5×8　　　　　(2) 8×3

(3) 9×1　　　　　(4) 4×4

(5) 6×7　　　　　(6) 3×8

(7) 7×5　　　　　(8) 1×3

(9) 8×6　　　　　(10) 5×7

2 □に あてはまる 数を 書きましょう。(1つ2点)

(1) 3×□=15　　　　(2) □×7=35

(3) 6×□=42　　　　(4) □×5=30

(5) 4×□=36　　　　(6) □×8=56

(7) 7×□=49　　　　(8) □×2=12

(9) 8×□=24　　　　(10) □×9=36

3 1本の 長さが 9cmの テープを 図のように のりしろを 2cmに して 4本 つなぎました。といに 答えましょう。(1つ4点)

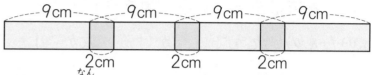

(1) 長さは 何cmに なりますか。

(2) 同じように のりしろを 2cmに して, 9cm の テープを 8本 つなぎます。長さは 何cm に なりますか。

4 0, 2, 4, 6, 8 の 5まいの カードの うち, 4まいを つかって 4けたの 数を つくります。といに 答えましょう。(1つ4点)

(1) いちばん 小さい 数を つくりましょう。

(2) 3番目に 大きい 数を つくりましょう。

(3) 6500に いちばん 近い 数を つくりましょう。

べん強した日
[　　月　　日]

時間 20分　とく点
合かく 40点　　　50点

1回 20回 40回 60回 80回 100回 120回
GOAL
シール

56 最上級レベル 8

1 □に あてはまる 数を 書きましょう。(1つ5点)

(1) 6の だんの 九九では, かける 数が 1 ふえる
と, 答えは □ ふえます。

(2) 3×8と 4×□ は 同じ 答えです。

(3) 5の だんの 九九の 答えでは, 一のくらいの 数字は 0か □ です。

2 つぎの もんだいに 答えましょう。(1つ5点)

(1) つぎの □の 中に 1, 2, 3, 4の 数字を 1つずつ 入れて 計算が あうように しましょう。

□ × □ = □ □
(2けたの数)

(2) つぎの □の 中に 4, 5, 6, 9の 数字を 1つずつ 入れて 計算が あうように しましょう。

□ × □ = □ □
(2けたの数)

3 ねん土玉(●)と 竹ひご(━)を つかって, 右のような 形を つくりました。竹ひごは 何本 つかいましたか。(6点)

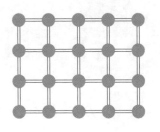

□

4 1mの リボンから 8cmの リボンを 4本と, 6cmの リボンを 9本 切りとりました。リボンは 何cm のこって いますか。(6点)

□

5 九九の ひょうの 中には, 右の 図のように 9この まん中が 16に なって いる ぶぶんが あります。まわりの 8この 数を たすと いくつですか。(6点)

	16	

□

6 7, 13, 19, 25, 31, ……のように ある きまりで 数が ならんで います。9番目の 数は 何ですか。(7点)

□

三角形と 四角形 (1)

1 つぎの □ に 入る ことばを あとの ┆‥‥┆ の中から えらんで 書きましょう。(1つ4点)

(1) 3本の □ で かこまれた 形を 三角形と いいます。

(2) 三角形や 四角形の かどの 点の ことを □ と いいます。

(3) 三角形や 四角形の まわりの 直線の ことを □ と いいます。

```
直角   直線   ちょう点   正方形   へん
```

2 つぎの 中から 三角形と 四角形を 2つずつ えらびましょう。(□1つ2点)

三角形… □ と □   四角形… □ と □

3 つぎの ア,イ,ウの 形を 何と いいますか。(1つ4点)

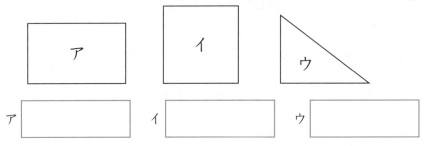

ア □   イ □   ウ □

4 ます目の 中に 形を かきましょう。1つの ますを 1cmとします。(1つ5点)

(1) へんの 長さが 4cmの 正方形

(2) へんの 長さが 3cmと 5cmの 長方形

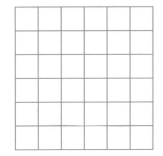　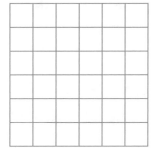

5 1本の 直線で 切って つぎの 形を つくります。切る ところに 直線を ひきましょう。(1つ4点)

(1) 三角形 2つ

(2) 三角形と 四角形

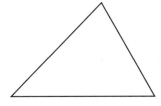　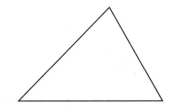

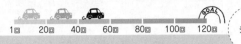

58 三角形と　四角形 (1)

上級レベル

べん強した日　[　月　日]
時間 20分　合かく 35点　とく点 ／50点

1 つぎの　中から，正方形，長方形，直角三角形を　えらんで　きごうを　書きましょう。(1つ4点)

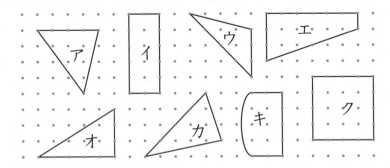

正方形…□　　長方形…□　　直角三角形…□

2 つぎの　れいには　長方形が　3こ　あります。(1)や (2)には　長方形が　何こ　ありますか。(1つ5点)

(れい)　(1)　(2)

 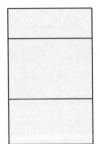 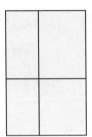

3 つぎの　れいには　三角形が　3こ　あります。(1)や (2)には　三角形が　何こ　ありますか。(1つ5点)

(れい)　(1)　(2)

  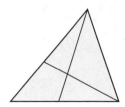
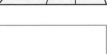

4 右の (1)〜(3)は，アの三角形を　何こ　あわせた　形ですか。(1つ4点)

(1) □
(2) □
(3) □

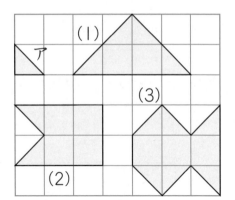

5 ます目の　中に　正方形を　かこうと　おもいます。あと　2本の　へんを　かきましょう。(6点)

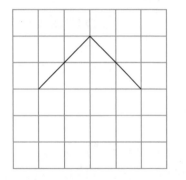

58

1 つぎの □に　入る　数を　答えましょう。まわりの　長さと　いうのは，へんの　長さを　あわせた　長さの　ことです。（1つ5点）

(1) 1つの　へんの　長さが　7cmの　正方形の　まわりの　長さは □ cm です。

(2) まわりの　長さが　24cmの　正方形の　1つの　へんの　長さは □ cm です。

(3) 右の　長方形の　まわりの　長さは □ cm です。

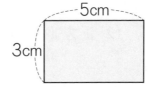
5cm
3cm

(4) 右の　長方形の　まわりの　長さは　22cmです。□の　長さは □ cm です。

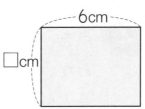
6cm
□cm

(5) 直角に　なって　いる　へんの　長さが　12cmと　18cmの　長方形の，まわりの　長さは □ cm です。

2 正方形の　おり紙を　2つに　おって，色の　ついた　ところを　はさみで　切りとりました。おり紙を　広げると，あなが　あいて　います。といに答えましょう。（1つ5点）

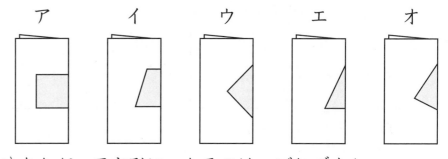
ア　　イ　　ウ　　エ　　オ

(1) あなが　正方形に　なるのは　どれですか。 □

(2) あなが　長方形に　なるのは　どれですか。 □

(3) あなが　三角形に　なるのは　どれですか。 □

3 つぎの　図の　中には，直角三角形が　それぞれ何こ　ありますか。（1つ5点）

(1)　　　　　　　　　　(2)
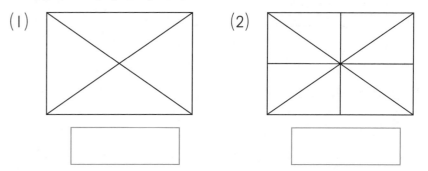

□　　　　　　　　　　□

三角形と 四角形 (2)

1 つぎの 形は 左の 三角形が 何こ あつまって できて いますか。(1つ5点)

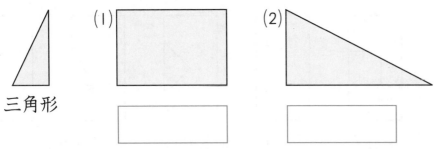

三角形　　(1)　　　　　　(2)

2 つぎの 形を くっつけて 三角形や 四角形を つくりましょう。うらがえして くっつけても よいです。また, 同じ ばんごう どうしは つかえ ません。(1つ6点)

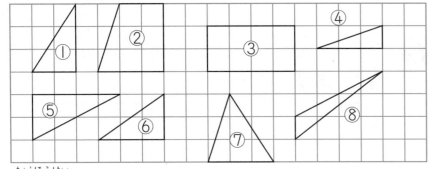

(1)長方形を つくるには どれと どれを つかいま すか。

□ と □

(2)正方形を つくるには どれと どれを つかいま すか。

□ と □

(3)直角三角形を つくるには どれと どれを つか いますか。

□ と □

3 右の 図を 見て 答えましょ う。(1つ5点)

(1)小さい 正方形(□)は 何こ ありますか。

(2)正方形()は 何こ ありますか。

4 点を むすんで 四角形を つくりましょう。つか わない 点も あります。(1つ6点)

(1)長方形　　　　　　(2)正方形

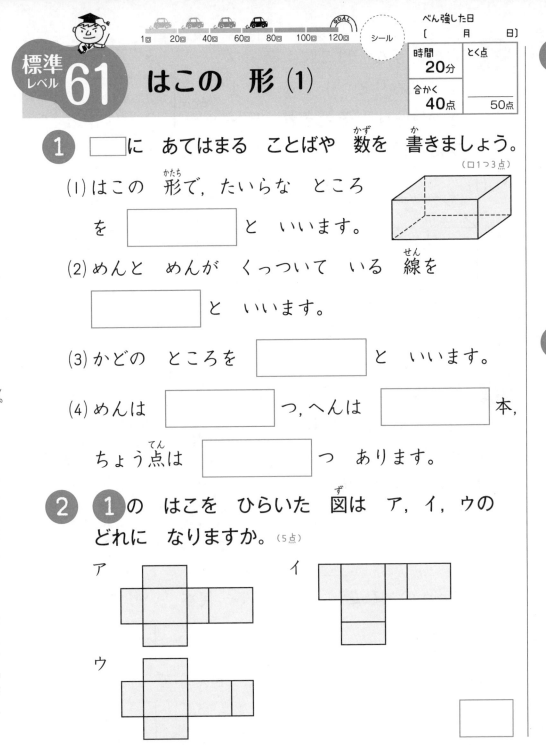

標準
レベル
61　はこの　形（1）

べん強した日
〔　　月　　日〕

時間 20分
合かく 40点
とく点
50点

1 □に　あてはまる　ことばや　数を　書きましょう。
（□1つ3点）

(1) はこの　形で，たいらな　ところを　□　と　いいます。

(2) めんと　めんが　くっついて　いる　線を　□　と　いいます。

(3) かどの　ところを　□　と　いいます。

(4) めんは　□つ，へんは　□本，ちょう点は　□つ　あります。

2 **1**の　はこを　ひらいた　図は　ア，イ，ウの　どれに　なりますか。（5点）

ア

イ

ウ

□

3 右のような　はこの　形が　あります。といに　答えましょう。

3cm　5cm　5cm

(1) 3cmの　へんと　5cmの　へんは　それぞれ　何本　ありますか。（1つ4点）

3cm □　　5cm □

(2) へんの　長さは　ぜんぶで　何cmですか。（4点）

□

4 ぜんぶの　めんが　正方形の　はこの　形を　ひらいた　図を　かきました。正しい　ものには　○を，まちがって　いる　ものには　×を　つけましょう。（1つ3点）

(1) □

(2) □

(3) □

(4) □

(5) □

61

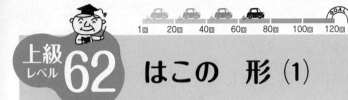

はこの 形 (1)

1 右の 図は はこの 形を ひらいた ものです。ア，イの 長さは 何cm ですか。

(1つ5点)

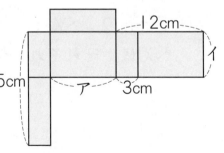

ア [   ]　　イ [   ]

2 下の 図は はこの 形を ひらいた ものです。これを 組み立てて はこの 形を つくります。といに 答えましょう。(□1つ4点)

(1)①，②，③の めんと むかいあう めんは どれですか。

① [   ]　② [   ]　③ [   ]

(2)アの ちょう点と かさなる ちょう点を ぜんぶ 書きましょう。

[   ]

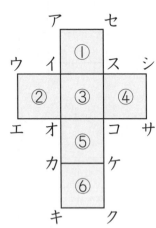

3 右のような はこに テープを ぐるりと 1しゅう まきつけます。それぞれ テープは 何cm いりますか。

(1つ4点)

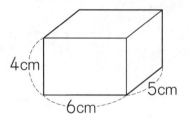

(1)　　　　　(2)　　　　　(3)

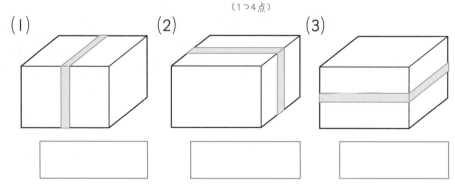

[   ]　[   ]　[   ]

4 ねん土玉と ひごを つかって，下のような 形を つくります。といに 答えましょう。(1つ4点)

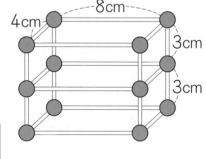

(1)ねん土玉は ぜんぶで 何こ いりますか。

[   ]

(2)3cmの ひごは ぜんぶで 何本 いりますか。

[   ]

(3)つかった ひごの 長さは ぜんぶで 何cm ですか。

[   ]

1 さいころの　形を　ひらいた　図で，正しい　ものには　○を，まちがって　いる　ものには　×を　つけましょう。(1つ3点)

(1)　　　　　(2)　　　　　(3)

(4)　　　　　(5)　　　　　(6)

2 さいころは　1の　むかいが　6，2の　むかいが　5，3の　むかいが　4に　なって　います。あいている　めんに　4か　5か　6の　数字を　書きましょう。(1つ4点)

(1)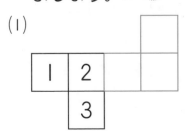

(2)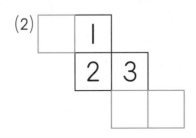

3 さいころの　形を　した　つみ木を　つみました。それぞれ　つみ木を　何こ　つかいましたか。(1つ4点)

(1)　　　　　(2)　　　　　(3)

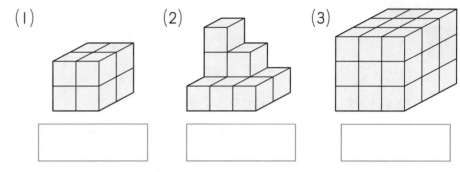

4 右の　図を　組み立てて　さいころの　形を　つくります。といに　答えましょう。(1つ3点)

(1) アの　めんと　むかいあう　めんは　どれですか。

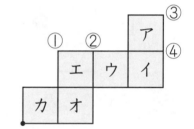

(2) イの　めんと　むかいあう　めんは　どれですか。

(3) ウの　めんと　むかいあう　めんは　どれですか。

(4) ●の　ちょう点と　かさなる　ちょう点は，①〜④の　どれですか。

1回 20回 40回 60回 80回 100回 120回 GOAL

シール

べん強した日
[　　月　　日]

時間 20分
合かく 35点
とく点
50点

上級レベル 64 はこの 形 (2)

1 3つの めんに,「△」,「▲」,「↑」が かいて ある さいころが あります。ひらいた 図の 中で「↑」は どこに かかれて いますか。それぞれ 図の 中に かきましょう。むきも 考えて かきましょう。 (1つ6点)

(1)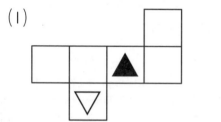

(2)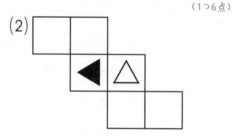

2 さいころの 6つの めんに, 赤, 青, 白, 黄, 緑, 黒の 6つの ちがう 色を ぬりました。この さいころを いろいろな むきから 見ると, つぎのように 見えました。といに 答えましょう。 (1つ6点)

(1) 青の めんの むかいの めんは 何色ですか。

(2) 赤の めんの むかいの めんは 何色ですか。

3 れいのように さいころを おくと, まわりから 見える 目の 数の 合計が 15に なります。(1), (2)のように おくと, まわりから 見える 目の 数の 合計は いくつに なりますか。 (1つ6点)

(れい)

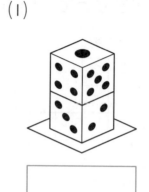

(1の むかいが 6,
2の むかいが 5,
3の むかいが 4
だから, 見えるのは
1+2+3+4+5=15)

(1)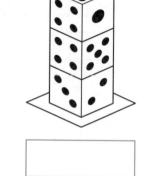

(2)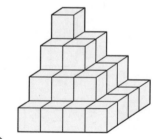

4 右のように 同じ 大きさの さいころの 形を した つみ 木を つみました。といに 答えましょう。 (1つ7点)

(1) つみ木は 何こ つかいましたか。

(2) まわりから 見える つみ木の めんに 赤い 色を ぬります。赤い 色の めんは いくつ できますか。そこの めんには 色を ぬりません。

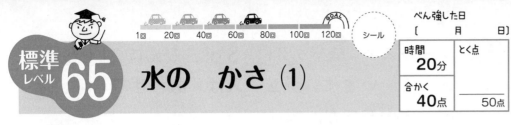

標準
レベル
65　水の　かさ (1)

1回　20回　40回　60回　80回　100回　120回　GOAL
シール

べん強した日
[　　月　　日]

時間
20分

とく点

合かく
40点

50点

1 水の　かさは　どれだけですか。(1つ2点)

(1)
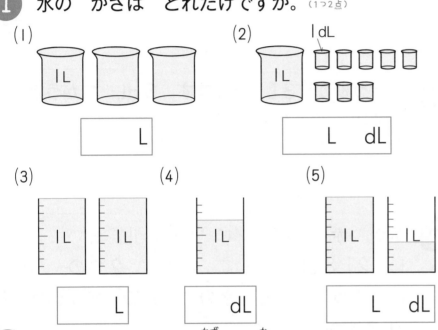
1L　1L　1L

▢ L

(2)
1dL

1L

▢ L ▢ dL

(3)　　　　(4)　　　　(5)

1L　1L

▢ L

1L

▢ dL

1L　1L

▢ L ▢ dL

2 ▢に　あてはまる　数を　書きましょう。(1つ2点)

(1) 1 L= ▢ dL　　(2) 12 L= ▢ dL

(3) 50 dL= ▢ L　　(4) 200 dL= ▢ L

(5) 400 L= ▢ dL

(6) 25 dL= ▢ L ▢ dL

(7) 30 L 8 dL= ▢ dL

3 かさの　多い　ほうに　○を　つけましょう。(1つ2点)

(1)（ 1 L　と　8 dL ）　　(2)（ 70 L　と　70 dL ）

(3)（ 50 dL　と　3 L ）　　(4)（ 2 L 8 dL　と　30 dL ）

4 つぎの　計算を　しましょう。(1つ2点)

(1) 3 L+5 L

(2) 14 dL−8 dL

(3) 5 L 4 dL+2 dL

(4) 7 L 9 dL−5 L

(5) 5 L 4 dL+7 L 2 dL

(6) 4 dL+9 L

(7) 1 L−3 dL

5 やかんに　水が　3 L 7 dL　入って　います。そ
のうち　1 L 4 dL を　つかいました。やかんの
水は　何 L 何 dL　のこって　いますか。(4点)

▢

1回 20回 40回 60回 80回 100回 120回

シール

べん強した日
〔　　月　　日〕

時間 **20分**
合かく **35点**
とく点
50点

上級
レベル
66

水の　かさ（1）

1 □に　あてはまる　数を　書きましょう。（1つ2点）

(1) 7 L＝ □ dL

(2) 300 dL＝ □ L

(3) 1 L＋20 dL＝ □ L

(4) 5 L 3 dL＋7 dL＝ □ L

(5) 6 dL＋9 dL＝ □ L □ dL

(6) 2 L－4 dL＝ □ L □ dL

2 つぎの　計算を　しましょう。（1つ3点）

(1) 3 L 8 dL＋2 L 5 dL

(2) 5 L 2 dL－9 dL

(3) 8 L 3 dL－2 L 7 dL

(4) 10 L－5 L 5 dL

(5) 32 dL＋7 L 8 dL

(6) 40 L 4 dL－288 dL

3 ジュースが　紙パックに　8 dL，びんに　1 L 6 dL
入って　います。ジュースは　あわせて　何 L 何
dL　ありますか。（5点）

□

4 しょうゆが　3 L　あります。3 dL　つかうと　何
L 何 dL　のこりますか。（5点）

□

5 水が　赤い　バケツに　4 L 1 dL，青い　バケツ
に　2 L 8 dL　入って　います。2つの　バケツ
に　入って　いる　水の　かさの　ちがいは　何
dL ですか。（5点）

□

6 はじめは，水そうに　水が　7 L 6 dL　入って
いました。あとから　33 dL　入れました。水そう
の　水は　ぜんぶで　何 L 何 dL に　なりましたか。
（5点）

□

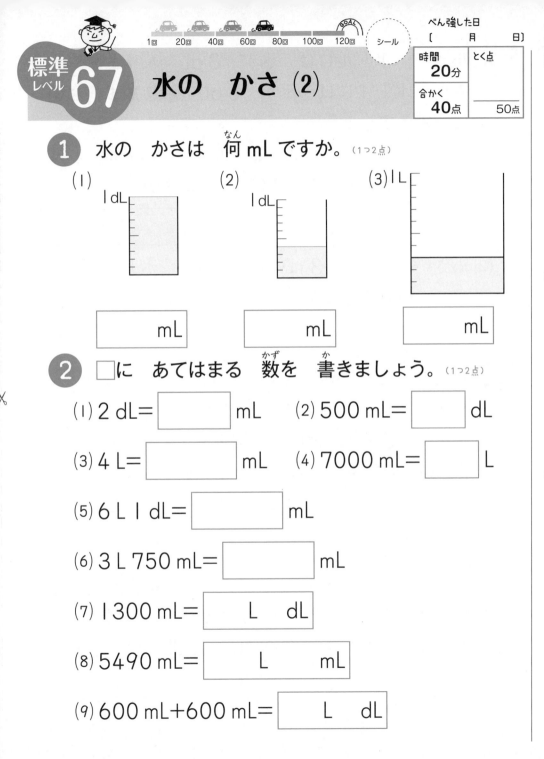

標準レベル 67 水の かさ (2)

1 水の かさは 何mL ですか。(1つ2点)

(1) ☐ mL　(2) ☐ mL　(3) ☐ mL

2 ☐に あてはまる 数を 書きましょう。(1つ2点)

(1) 2dL＝☐mL　(2) 500mL＝☐dL

(3) 4L＝☐mL　(4) 7000mL＝☐L

(5) 6L1dL＝☐mL

(6) 3L750mL＝☐mL

(7) 1300mL＝☐L☐dL

(8) 5490mL＝☐L☐mL

(9) 600mL＋600mL＝☐L☐dL

3 かさの 少ない じゅんに ならべましょう。(1つ4点)

(1) (400L　400mL　400dL)

☐ → ☐ → ☐

(2) (5L3dL　50dL　5030mL)

☐ → ☐ → ☐

4 ☐に あてはまる たんいを 書きましょう。(1つ4点)

(1) やかんに 入る 水の かさ……2☐

(2) 茶わんに 入る 水の かさ……200☐

(3) 水とうに 入る 水の かさ……10☐

5 水が 大きい コップに 175mL, 小さい コップに 90mL 入って います。といに 答えましょう。(1つ3点)

(1) 2つの コップに 入って いる 水の かさの ちがいは 何mL ですか。

☐

(2) 水は ぜんぶで 何mL ありますか。

☐

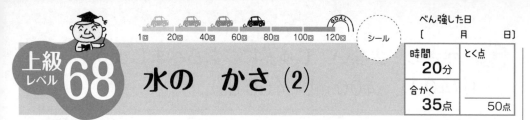

1回 20回 40回 60回 80回 100回 120回

シール

べん強した日
[　　月　　日]

時間 **20分**

とく点

合かく **35点** / 50点

上級レベル 68 水の　かさ (2)

1 □に　あてはまる　数を　書きましょう。（1つ4点）

(1) 96 dL＋17 L 5 dL＝ [　　　] L [　　　] dL

(2) 60 L－6000 mL＝ [　　　] L

(3) 33 dL＋4500 mL＝ [　　　] L [　　　] mL

2 かさが　いちばん　多い　ものに　○を　つけましょう。（1つ4点）

(1) (360 mL　　　36 dL　　　6 L)

(2) (2 L 5 dL　　　150 dL　　　4000 mL)

3 50 L まで　水が　入る　水そうに，水が　41 L 8 dL　入って　います。はじめに　水を　いくらか　くみ出して　すてました。そのあと　水そうに　32 L 4 dL　の　水を　入れると，水そうが　いっぱいに　なりました。**はじめに　くみ出した　水は　何 L 何 dL　でしたか。**（6点）

[　　　　　　　　　　]

4 小さい　ボトルには　水が　3 dL　入ります。大きい　ボトルには　水が　8 dL　入ります。といに　答えましょう。（1つ6点）

(1) 小さい　ボトル　1ぱいと，大きい　ボトル　1ぱいで，何 L 何 dL の　水が　入りますか。

[　　　　　　　　　　]

(2) 小さい　ボトル　3ばいと，大きい　ボトル　2はいで，何 L 何 dL の　水が　入りますか。

[　　　　　　　　　　]

5 みちこさんの　水とうには　13 dL の　水が　入ります。ちえりさんの　水とうには　15 dL の　水が　入ります。といに　答えましょう。（1つ6点）

(1) 2 L の　お茶を　みちこさんの　水とうに　いっぱいに　なるまで　入れます。お茶は　何 dL のこりますか。

[　　　　　　　　　　]

(2) 3 L の　お茶を　2人の　水とうに　いっぱいに　なるまで　入れます。お茶は　何 dL のこりますか。

[　　　　　　　　　　]

69 最上級レベル ⑨

1 □に あてはまる 数を 書きましょう。（□1つ3点）

(1) 3 L = [　　　] dL = [　　　] mL

(2) 72 dL − 2 L 7 dL = [　　　] dL

(3) 6 L 7 dL + 3400 mL = [　　 L 　　 dL]

(4) 2 L 200 mL − 840 mL = [　　 L 　　 mL]

2 右のような はこの 形が あります。といに 答えましょう。（1つ3点）

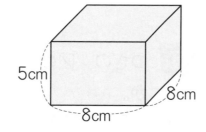

(1) 5 cm の へんは 何本 ありますか。

[　　　　　　]

(2) 8 cm の へんは 何本 ありますか。

[　　　　　　]

(3) へんの 長さを ぜんぶ たすと 何cmですか。

[　　　　　　]

3 さいころの 形を ひらいた 図で, 正しい ものには ○を, まちがって いる ものには ×を つけましょう。（1つ4点）

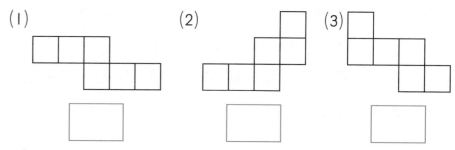

(1)　　　　　(2)　　　　　(3)

4 右の 形の まわりの 長さは 何cmですか。（6点）

[　　　　　　]

7cm

8cm

5 からの 水そうに 水を 入れて います。水は 1分間で 3L 入ります。水そうは 20Lで いっぱいに なります。といに 答えましょう。（1つ4点）

(1) 3分間で 何Lの 水が 入りますか。

[　　　　　　]

(2) 9分間 水を 入れると, 何Lの 水が あふれますか。

[　　　　　　]

1回 20回 40回 60回 80回 100回 120回

シール

べん強した日
【   月   日】

時間 20分	とく点
合かく 35点	50点

70 最上級レベル 10

1 さいころは 1の むかいが 6, 2の むかいが 5, 3の むかいが 4に なって います。あいて いる めんに 4か 5か 6の 数字を 書きましょう。 (1つ4点)

(1)

(2)

(3)

2 右のような はこに テープを ぐるりと 1しゅう まきつけます。それぞれ テープは 何cm いりますか。 (1つ4点)

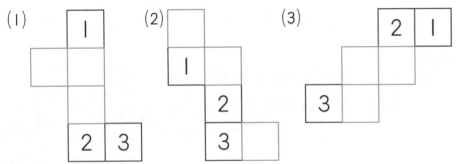

7cm 20cm 15cm

(1)

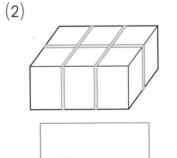

(2)

3 つぎの 形は 右の 三角形が 何こ あつまって できて いますか。 (1つ5点)

(1)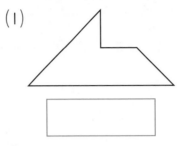

(2)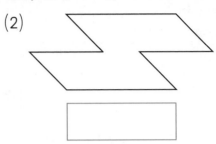

4 右の 図は はこの 形を ひらいた ものです。ア, イの 長さは 何cm ですか。

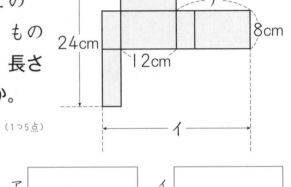

24cm 12cm 8cm ア イ

(1つ5点)

ア _____   イ _____

5 つぎの 図の 中には 正方形が 何こ ありますか。 (1つ5点)

(1)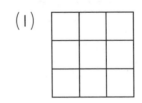

(2)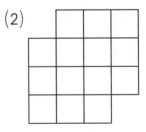

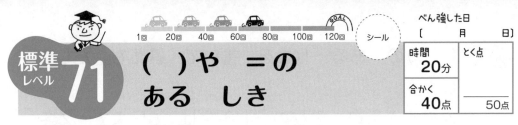

標準
レベル
71 （　）や　＝の
ある　しき

べん強した日	
[　　月　　日]	
時間 **20**分	とく点
合かく **40**点	**50**点

シール

1 つぎの　計算を　しましょう。(1つ2点)

(1) 26＋12＋8　　　(2) 26＋(12＋8)

(3) 26−12−8　　　(4) 26−(12−8)

(5) 26−12＋8　　　(6) 26−(12＋8)

(7) 7×2＋3　　　(8) 7×(2＋3)

(9) 7×3＋2　　　(10) 7×(3＋2)

2 □に　あてはまる　数を　書きましょう。(□1つ2点)

(1) 15＋□＝42　　(2) 36＋□＝75

(3) 47−□＝15　　(4) □−47＝15

(5) 59＋63＋37＝59＋□＝□

(6) 59＋(63−37)＝59＋□＝□

3 答えが　同じに　なる　しきを　□の　中から
えらんで　書きましょう。(1つ2点)

(1) ○＋△＋□　　(2) ○＋△−□　　(3) ○−△−□

□　　　　　□　　　　　□

ア ○＋(△−□)　イ ○−(△＋□)　ウ ○＋(△＋□)

4 （　）の　ある　しきを　書いて，答えも　だしま
しょう。(1つ4点)

(1) 125ページ　ある　本を，きのう　はじめから
28ページ　読み，今日は　つづきの　32ページ
を　読みました。あと　何ページ　のこって　いま
すか。

(しき)

(答え)

(2) 公園で　19人の　子どもたちが　あそんで　いま
す。そこに　8人　やってきて，さらに，2人が
やってきました。ぜんぶで　何人に　なりましたか。

(しき)

(答え)

71

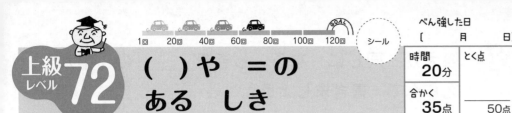

上級レベル 72　（　）や ＝の ある しき

1 つぎの 計算を しましょう。(1つ2点)

(1) 55−18−13

(2) 17+(23−5)

(3) 42+(28+16)

(4) 60−26+14

(5) 81−(19+47)

(6) 15+49−47

(7) 5×7+8

(8) 9×(4+3)

2 □に あてはまる 数を 書きましょう。(1つ4点)

(1) □＋(31−15)=69

(2) □−(14+29)=31

(3) 71+□−2=84

(4) (15−7)×□=24

(5) □×(6+3)=36

3 （　）の ある しきを 書いて,答えも だしましょう。

(1) みのるさんの 学校の 1年生は 65人で,2年生は 1年生より 8人 多いそうです。1年生と 2年生を あわせると 何人 いますか。(4点)

(しき) _____

(答え) _____

(2) お店で 108円の アイスクリームと 216円の ポテトチップスを 買いました。500円で おつりは いくらですか。(5点)

(しき) _____

(答え) _____

(3) 125ページ ある 本を,きのう はじめから 28ページ 読み,今日は きのうより 5ページ 多く 読みました。あと 何ページ のこって いますか。(5点)

(しき) _____

(答え) _____

標準レベル 73

1回 20回 40回 60回 80回 100回 120回 GOAL シール

べん強した日
[　　月　　日]

時間 20分
合かく 40点
とく点 50点

たし算の　ひっ算 (5)

1 たし算を　しましょう。(1つ3点)

(1) 　1500
　　+2800

(2) 　3700
　　+4300

(3) 　4170
　　+2350

(4) 　2930
　　+3820

(5) 　2560
　　+ 840

(6) 　7624
　　+ 758

2 たし算を　ひっ算で　しましょう。(1つ4点)

(1) 4500+1900

(2) 3450+2370

(3) 4800+480

(4) 6700+1590

3 ようふくやで　ワイシャツが　1900円, ネクタイが　3580円, セーターが　2950円で　売られて　います。といに　答えましょう。(1つ4点)

(1) ワイシャツと　セーターを　買うと　いくらに　なりますか。

(2) ワイシャツと　ネクタイを　買うと　いくらに　なりますか。

(3) ネクタイと　セーターを　買うと　いくらに　なりますか。

4 ともみさんの　すんで　いる　町には, 男の人が　3348人, 女の人が　3488人　すんで　います。すんで　いるのは　みんなで　何人ですか。(4点)

上級レベル 74 たし算の ひっ算 (5)

1回 20回 40回 60回 80回 100回 120回

シール

べん強した日

[　　月　　日]

時間 20分	とく点
合かく 35点	50点

1 たし算を しましょう。(1つ3点)

(1)
```
  2746
+ 2587
```

(2)
```
  6624
+ 2097
```

(3)
```
  4279
+ 3562
```

(4)
```
  1431
+ 4126
```

(5)
```
  7173
+ 1852
```

(6)
```
  3027
+ 3968
```

2 たし算を ひっ算で しましょう。(1つ3点)

(1) 1463+3298

(2) 2666+3777

(3) 5060+1997

(4) 5905+2355

3 □に あてはまる 数を 書きましょう。(1つ3点)

(1)
```
  □ 4 5
+ □ 5 □
─────────
  6 7 3 1
```

(2)
```
  2 □ 6 □
+   8 □ 5
─────────
  □ 1 2 9
```

(3)
```
  □ 4 □ 3
+ 2 □ 6 □
─────────
  9 0 0 0
```

(4)
```
  □ □ 5 7
+ 5 6 □ □
─────────
  8 4 7 6
```

4 2580円の 本を 2さつと 1360円の 本を 1さつ 買うと, ぜんぶで いくらに なりますか。(4点)

5 1000を 5こと 100を 28こと 10を 64こと 1を 75こ あわせた 数は いくつ ですか。(4点)

74

標準レベル 75　ひき算の　ひっ算 (5)

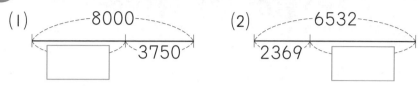

べん強した日		
〔　　月　　日〕		
時間 20分	とく点	
合かく 40点		50点

1 ひき算を　しましょう。（1つ3点）

(1)
```
  3900
- 1500
```

(2)
```
  7400
- 2900
```

(3)
```
  6230
- 2160
```

(4)
```
  5000
- 4190
```

(5)
```
  9540
-  840
```

(6)
```
  8275
-  896
```

2 ひき算を　ひっ算で　しましょう。（1つ3点）

(1) 4500−1900

(2) 3450−2370

(3) 4800−480

(4) 7160−590

3 □に　あてはまる　数を　書きましょう。（1つ4点）

(1) ┌──── 8000 ────┐
　　│　　　　│─ 3750 ─│
　　[　　　]

(2) ┌──── 6532 ────┐
　　│─ 2369 ─│
　　　　　　　[　　　]

4 ようふくやで　ワイシャツが　1900円，ネクタイが　3580円，セーターが　2950円で　売られて　います。といに　答えましょう。（1つ3点）

(1) ネクタイは　ワイシャツより　いくら　高いですか。

[　　　]

(2) ネクタイは　セーターより　いくら　高いですか。

[　　　]

(3) セーターは　ワイシャツより　いくら　高いですか。

[　　　]

(4) ネクタイと　セーターを　買って　10000円　出すと　おつりは　いくらに　なりますか。

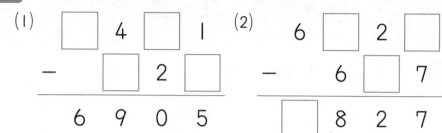

時間 20分　合かく 35点　べん強した日 [　　月　　日]　とく点 ／50点

1 ひき算を　しましょう。(1つ3点)

(1)
$$9853 - 4846$$

(2)
$$6561 - 2145$$

(3)
$$3000 - 1750$$

(4)
$$8798 - 6549$$

(5)
$$4123 - 1987$$

(6)
$$5040 - 2738$$

2 □に　あてはまる　数を　書きましょう。(1つ3点)

(1) $2640 + \boxed{} = 5000$

(2) $6480 + \boxed{} = 10000$

(3) $1456 + \boxed{} = 5000$

(4) $7845 + \boxed{} = 10000$

3 □に　あてはまる　数を　書きましょう。(1つ3点)

(1)
```
  □ 4 □ 1
-   □ 2 □
  6 9 0 5
```

(2)
```
  6 □ 2 □
-   6 □ 7
  □ 8 2 7
```

(3)
```
  □ 5 □ 2
-   4 □ 6 □
  3 3 6 3
```

(4)
```
  □ □ 8 4
- 1 4 □ □
  6 1 7 6
```

4

北町には　6420人　すんで　います。東町に　すんで　いる　人は　北町より　1810人　多く，西町に　すんで　いる　人は　北町より　2840人　少ないそうです。といに　答えましょう。(1つ4点)

(1) 西町には　何人が　すんで　いますか。

(2) 東町に　すんで　いる　人は，西町に　すんで　いる　人より　何人　多いですか。

1回 20回 40回 60回 80回 100回 120回
シール
べん強した日
[月   日]
時間 **20分**
とく点
合かく **40点**   50点

標準レベル **77**

0の つく かけ算 (1)★

1 □に あてはまる 数を 書きましょう。(1つ3点)

(1) 2×3=6 だから, 20×3=□ です。

(2) 5×7=35 だから, 50×7=□ です。

(3) 4×2=8 だから, 4×20=□ です。

(4) 9×6=54 だから, 9×60=□ です。

2 □に あてはまる 数を 書きましょう。(1つ3点)

(1) 3×3=9 だから, 300×3=□ です。

(2) 6×7=42 だから, 600×7=□ です。

(3) 3×2=6 だから, 3×200=□ です。

(4) 4×8=32 だから, 4×800=□ です。

(5) 8×5=40 だから, 800×5=□ です。

3 つぎの もんだいに 答えましょう。(1つ5点)

(1) 1本 60円の えんぴつを 8本 買うと いくらに なりますか。

□

(2) 1まい 9円の 画用紙を 20まい 買うと いくらに なりますか。

□

(3) 300mL の コップ 6ぱい分の 水の かさは 何mL ですか。

□

4 1さつ 80円の ノート 4さつと, 1本 200円の マジックを 3本 買いました。といに 答えましょう。(1つ4点)

(1) ぜんぶで いくらに なりますか。

□

(2) 1000円 出すと おつりは いくらですか。

□

1回 20回 40回 60回 80回 100回 120回

シール

べん強した日
[月   日]

時間 **20分**

とく点

合かく **35点**   50点

上級レベル 78 0の つく かけ算 (1)

1 かけ算を しましょう。(1つ2点)

(1) 40×8   (2) 60×6

(3) 9×30   (4) 7×20

(5) 900×4   (6) 400×5

(7) 800×7   (8) 6×500

(9) 900×8   (10) 5×300

2 □に あてはまる 数を 書きましょう。(1つ2点)

(1) 30×□=120   (2) 7×□=280

(3) 40×□=240   (4) □×70=560

(5) 600×□=1800   (6) 5×□=300

(7) 8×□=4000   (8) 900×□=7200

3 1日に 300円ずつ ちょ金を すると, 1週間で 何円 たまりますか。(2点)

4 長いすが 30きゃく あります。1きゃくに 6人ずつ すわると ぜんぶで 何人 すわれますか。(2点)

5 1時間は 60分です。9時間は 何分ですか。(2点)

6 1つの へんの 長さが 30cmの 正方形が あります。まわりの 長さは 何cmですか。(2点)

7 7本ずつの 花たばを 40たば つくります。花は ぜんぶで 何本 いりますか。(3点)

8 500円玉が 7まいで 何円に なりますか。(3点)

0の つく かけ算 (2)

1 計算を しましょう。(1つ2点)

(1) 5×2×6

(2) 4×5×7

(3) 10×4×7

(4) 40×2×6

(5) 2×300×9

(6) 80×5×7

(7) (12+18)×6

(8) (100−30)×(10−3)

2 くふうして かけ算を しましょう。(1つ3点)

(1) 7×8×5=7×□=□

(2) 5×9×6=9×□=□

(3) 40×4×5=4×□=□

(4) 8×60×5=8×□=□

3 80円の 赤えんぴつ 1本と, 赤えんぴつの 7ばいの ねだんの ふでばこを 買いました。といに 答えましょう。

(1) 赤えんぴつと ふでばこで いくらに なりますか。(3点)

(2) 1000円 出すと おつりは いくらですか。(4点)

(3) おつりで 赤えんぴつが あと 何本まで 買えますか。(4点)

4 2mの テープから 30cmの テープを 4本と, 8cmの テープを 6本 切りとりました。といに 答えましょう。

(1) 切りとった テープの 長さは ぜんぶで 何cmですか。(3点)

(2) のこった テープの 長さは 何cmですか。(4点)

(3) のこった テープから 6cmの テープを あと 何本まで 切りとる ことが できますか。(4点)

上級レベル 80 0の つく かけ算 (2) ★

1 計算を しましょう。(1つ2点)

(1) 20×7+37

(2) 6×20−18

(3) 90×3+59

(4) (2+4)×60

(5) 40×(7+1)

(6) 30×(9−1)

(7) (20+70)×(2+5)

(8) 50×8−(50×7)

2 □に あてはまる 数を 書きましょう。(□1つ2点)

(1) 70 cm×3= [　　] cm= [　　 m 　　 cm]

(2) 300 mL×6= [　　] mL= [　　 L 　　 mL]

(3) 9×40×5=9× [　　] = [　　]

(4) (238+62)×(17−9)= [　　] ×8= [　　]

3 1さつ 90円の ノート 6さつと, 1本 40円の ボールペンを 3本 買って 1000円さつを 出しました。おつりは いくらですか。(5点)

[　　　　　　]

4 男の子が 30人, 女の子が 20人 います。画用紙を 1人 6まいずつ くばったら 画用紙が あまりました。といに 答えましょう。(1つ4点)

(1) くばった 画用紙は ぜんぶで 何まいですか。

[　　　　　　]

(2) あまった 画用紙を 男の子には あと 1まいずつ, 女の子には あと 2まいずつ くばろうとすると, 画用紙が 8まい たりません。はじめに あった 画用紙は 何まいでしたか。

[　　　　　　]

5 1こ 80円の おかしを 7こ 買う ために, ちょうどの お金を もって いきました。すると, おかしが 1こ 20円 やすくなって いたので, 9こ 買っても まだ お金が あまりました。お金は いくら あまりましたか。(5点)

[　　　　　　]

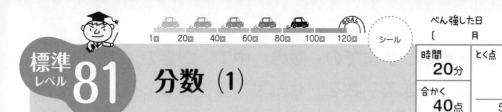
標準レベル 81 分数 (1)

1 色を ぬった ところは, ぜんたいの 何分の1 ですか。分数で 書きましょう。(1つ3点)

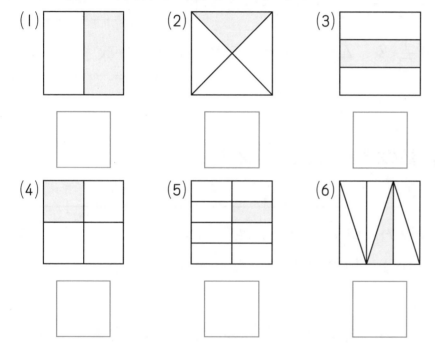

(1)　(2)　(3)

(4)　(5)　(6)

2 色を ぬった ところが ぜんたいの $\frac{1}{3}$ に なっている ものは どれですか。(4点)

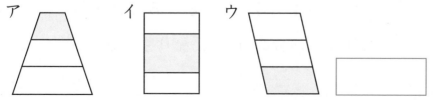

ア　イ　ウ

3 イ, ウ, エ, オの 長さは アの 長さの 何分の 1ですか。 分数で 書きましょう。(1つ3点)

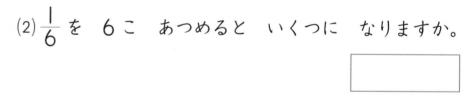

ア

イ　　　　ウ

エ　　　　オ

4 つぎの もんだいに 答えましょう。(1つ4点)

(1) $\frac{1}{2}$ と $\frac{1}{3}$ では どちらが 大きいですか。

(2) $\frac{1}{6}$ を 6こ あつめると いくつに なりますか。

(3) $\frac{1}{4}$ を 何こ あつめると 1に なりますか。

(4) $\frac{1}{4}$ を 何こ あつめると $\frac{1}{2}$ に なりますか。

上級レベル 82 分数 (1)

1 色を ぬった ところは, ぜんたいの 何分の1 ですか。分数で 書きましょう。(1つ3点)

(1)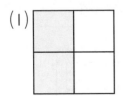

(2)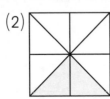

(3)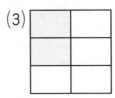

(4)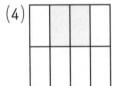

(5)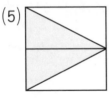

(6)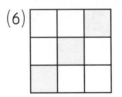

2 大きい ほうに ○を つけましょう。(1つ3点)

(1) $\left(\dfrac{1}{4} \ \text{と} \ \dfrac{1}{5} \right)$　(2) $\left(\dfrac{1}{2} \ \text{と} \ 1 \right)$

(3) $\left(\dfrac{1}{8} \ \text{と} \ 0 \right)$　(4) $\left(\dfrac{1}{3} \ \text{と} \ \dfrac{1}{10} \right)$

3 2から 9までの 数の 中で, つぎの □に あてはまる 数を ぜんぶ 書きましょう。(1つ3点)

(1) $\dfrac{1}{\square}$ は $\dfrac{1}{5}$ より 大きい。

(2) $\dfrac{1}{\square}$ は $\dfrac{1}{6}$ より 小さい。

(3) $\dfrac{1}{\square}$ を 4こ あつめると 1より 大きく なる。

4 数の線を 見て 答えましょう。

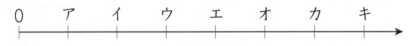

(1) ウの 目もりが 1を あらわすとき, アの 目もりは 何分の1に なりますか。(3点)

(2) イの 目もりが $\dfrac{1}{3}$ を あらわすとき, 1を あらわして いるのは ア〜キの どれですか。(4点)

(3) ウの 目もりが $\dfrac{1}{2}$ を あらわすとき, アの 目もりは 何分の1に なりますか。(4点)

標準レベル **83** 分数 (2)*

1 れいに ならって □に あてはまる 数を 書きましょう。(1つ4点)

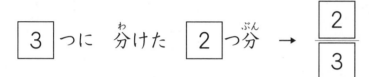

(れい) 3 つに 分けた 2 つ分 → $\frac{2}{3}$

(1) □つに 分けた □つ分 → $\frac{□}{□}$

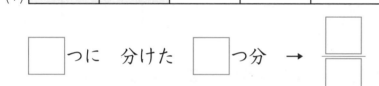

(2) □つに 分けた □つ分 → $\frac{□}{□}$

2 色を ぬった ところは, ぜんたいの 何分の いくつですか。分数で 書きましょう。(1つ3点)

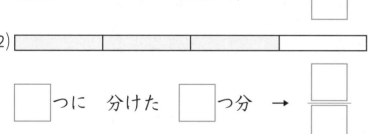

(1)　　　　　(2)

3 色を ぬった ところは, ぜんたいの 何分の いくつですか。分数で 書きましょう。(1つ4点)

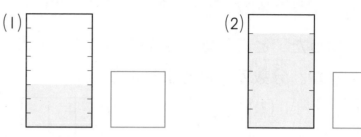

(1)　　　　　(2)

4 数の線で □に あてはまる 分数を 書きましょう。(□1つ3点)

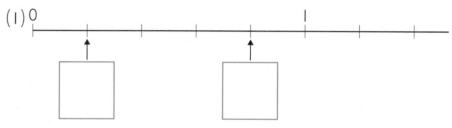

(1)

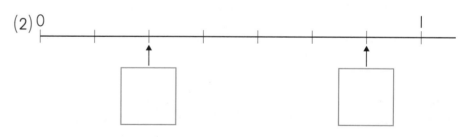

(2)

5 大きい ほうに ○を つけましょう。(1つ4点)

(1) ($\frac{2}{5}$ と $\frac{1}{5}$)　　(2) ($\frac{7}{8}$ と 1)

(3) ($\frac{4}{7}$ と $\frac{5}{7}$)　　(4) ($\frac{2}{3}$ と $\frac{2}{9}$)

1 色を ぬった ところは，ぜんたいの 何分の いくつですか。分数で 書きましょう。(1つ3点)

(1)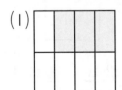

(2)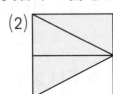

(3)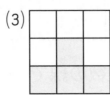

(4)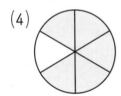

(5)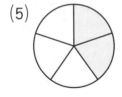

(6)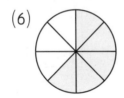

2 □に あてはまる 数を 書きましょう。(1つ2点)

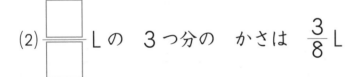

(1) $\dfrac{1}{5}$ m の 4つ分の 長さは $\dfrac{\square}{\square}$ m

(2) $\dfrac{\square}{\square}$ L の 3つ分の かさは $\dfrac{3}{8}$ L

3 図を 見て，たし算や ひき算を しましょう。(1つ4点)

(1) $\dfrac{2}{7} + \dfrac{3}{7} = \boxed{}$

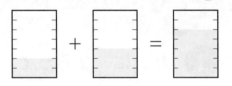

(2) $\dfrac{7}{8} - \dfrac{4}{8} = \boxed{}$

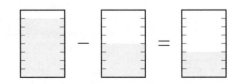

(3) $\dfrac{1}{6} + \dfrac{5}{6} = \boxed{}$

4 たし算や ひき算を しましょう。(1つ2点)

(1) $\dfrac{1}{5} + \dfrac{3}{5}$

(2) $\dfrac{1}{7} + \dfrac{2}{7}$

(3) $\dfrac{1}{6} + \dfrac{4}{6}$

(4) $\dfrac{5}{8} + \dfrac{3}{8}$

(5) $\dfrac{4}{8} - \dfrac{1}{8}$

(6) $\dfrac{2}{3} - \dfrac{1}{3}$

(7) $\dfrac{8}{9} - \dfrac{3}{9}$

(8) $1 - \dfrac{1}{4}$

1回 20回 40回 60回 80回 100回 120回 GOAL
シール
べん強した日
[月 日]
時間 20分
とく点
合かく 40点 50点

85 最上級レベル 11

1 計算を しましょう。(1つ2点)

(1)
```
  2395
+  875
```

(2)
```
  4697
+  508
```

(3)
```
  3892
+ 5296
```

(4)
```
  1260
-  520
```

(5)
```
  7000
- 6680
```

(6)
```
  7493
- 2907
```

2 計算を しましょう。(1つ2点)

(1) $\frac{1}{7}+\frac{4}{7}$

(2) $\frac{7}{8}-\frac{2}{8}$

(3) $\frac{5}{12}+\frac{7}{12}$

(4) $1-\frac{1}{3}$

(5) 74+(26+59)

(6) 52-(68-46)

(7) 9×(50-30)

(8) 80×9

(9) 600×5

(10) 5×7×8

3 色を ぬった ところは，ぜんたいの 何分の いくつですか。分数で 書きましょう。(1つ2点)

(1)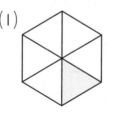

(2)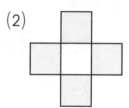

(3)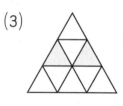

4 つぎの もんだいに 答えましょう。(1つ3点)

(1) 1時間は 60分です。6時間は 何分ですか。

(2) 840円の 本を 2さつと 1680円の 本を 1さつ 買うと，ぜんぶで いくらに なりますか。

(3) たかしさんの すんで いる 町には 4056人の 人が すんで いて，そのうち 男の人が 1977人です。女の人は 何人ですか。

(4) 200mLの コップで 6ぱい分の 水の かさは 何L何mLですか。

最上級レベル 12

1 □に あてはまる 数を 書きましょう。(1つ3点)

(1)
```
  □ 7 □ 9
+   □ 4 □
---------
  6 3 1 5
```

(2)
```
  2 □ 3 □
+   6 □ 7
---------
  □ 2 7 4
```

(3)
```
  □ 4 □ 5
- 2 □ 6 □
---------
  4 1 3 3
```

(4)
```
  □ □ 8 4
- 3 5 □ □
---------
  5 2 4 9
```

2 □に あてはまる 数を 書きましょう。(1つ4点)

(1) □ ×8=2400

(2) □ ×9=810

(3) 70×6+1=□

(4) 70×(6+1)=□

(5) 2345+□=10000

3 数の線を 見て 答えましょう。(1つ4点)

```
0   ア   イ   ウ  エ   オ   カ   キ
|---|---|---|--|---|---|---|--->
```

(1) オの 目もりが 1 を あらわすとき，イの 目もりは 何分の いくつに なりますか。

(2) ウの 目もりが $\frac{1}{2}$ を あらわすとき，オの 目もりは 何分の いくつに なりますか。

4 ゆかりさんは 1分間に 80m 歩きます。弟は 1分間に 60m 歩きます。といに 答えましょう。(1つ5点)

(1) ゆかりさんは 3分間に 何m 歩きますか。

(2) ゆかりさんと 弟が 同じ ところから 同じ むきに 同時に 歩き はじめました。8分後に 2人は 何m はなれて いますか。

時間 20分	とく点
合かく 40点	50点

標準レベル 87 わり算 (1)★

1 5が 2つで 10だから, 10を 2つに 分けると 5に なります。

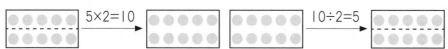

5×2=10　　10÷2=5

これを, 10÷2=5 と いう しきで 書きます。

□に あてはまる 数を 書きましょう。(1つ3点)

(1) 6×2=[　] だから, 12÷2=[　] です。

(2) 7×3=[　] だから, 21÷3=[　] です。

(3) 5×4=[　] だから, 20÷4=[　] です。

2 わり算を しましょう。(1つ2点)

(1) 8÷2　　　　(2) 40÷5

(3) 24÷4　　　　(4) 18÷6

(5) 56÷7　　　　(6) 72÷8

(7) 12÷3　　　　(8) 25÷5

3 わり算の しきを 書いて 答えも だしましょう。(1つ5点)

(1) 24まいの 画用紙を 3人で 分けました。1人分は 何まいに なりますか。

(しき) [　　　　　　　]　(答え) [　　　　]

(2) 35cmの ひもを 5本に 分けました。1本の 長さは 何cmに なりますか。

(しき) [　　　　　　　]　(答え) [　　　　]

(3) 56この あめを 8こずつ ふくろに 入れると, 何ふくろ できますか。

(しき) [　　　　　　　]　(答え) [　　　　]

(4) 54人の 子どもで 6人ずつの はんを つくると, はんは いくつ できますか。

(しき) [　　　　　　　]　(答え) [　　　　]

(5) 27ページの 本を 1日 3ページずつ 読むと, 何日で 読みおわりますか。

(しき) [　　　　　　　]　(答え) [　　　　]

上級レベル 88　わり算 (1)★

べん強した日
〔　　月　　日〕

| 時間 **20分** | とく点 |
| 合かく **35点** | 50点 |

1 わり算を しましょう。(1つ2点)

(1) 45÷5

(2) 63÷7

(3) 28÷4

(4) 24÷6

(5) 28÷7

(6) 32÷8

(7) 6÷6

(8) 8÷1

2 □に あてはまる 数を 書きましょう。(1つ2点)

(1) □÷3=7

(2) □÷6=5

(3) □÷4=8

(4) □÷7=5

(5) 40÷□=5

(6) 48÷□=8

(7) 8÷□=1

(8) 6÷□=6

3 子どもたちが 4人ずつ 9れつに ならんで います。6人ずつの れつに ならびなおすと, 何れつに なりますか。(4点)

4 みかんが 50こ あります。8人で 同じ 数ずつ 食べたら, 2こ のこりました。何こずつ 食べましたか。(4点)

5 2dLの コップで 4はいと, 6dLの コップで 何ばいかの 水を くむと, ぜんぶで 5Lに なりました。6dLの コップで 何ばい くみましたか。(5点)

6 1mの リボンを 8cmの リボン 8本と 4cmの リボン 何本かに 切り分けます。4cmの リボンは 何本に なりますか。(5点)

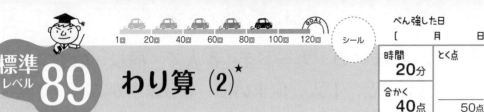
1 □に あてはまる 数を 書きましょう。（1つ3点）

(1) 28÷4=□ だから，280÷4=□ です。

(2) 56÷7=□ だから，560÷7=□ です。

(3) 27÷9=□ だから，2700÷9=□ です。

(4) 45÷5=□ だから，4500÷5=□ です。

(5) 30÷6=□ だから，300÷6=□ です。

2 わり算を しましょう。（1つ2点）

(1) 120÷2　　　　(2) 240÷3

(3) 320÷4　　　　(4) 400÷8

(5) 1800÷3　　　(6) 7200÷9

(7) 4200÷7　　　(8) 2000÷4

3 わり算の しきを 書いて 答えも だしましょう。

(1) 120まいの おり紙を 6人で 同じ 数ずつ 分けました。1人分は 何まいに なりますか。（4点）

（しき）　　　　　　　　　　　（答え）

(2) えんぴつが 8本で 320円です。1本の ねだんは いくらですか。（5点）

（しき）　　　　　　　　　　　（答え）

(3) 本を 毎日 同じ ページ数ずつ 読みます。1週間で 140ページ 読みました。1日に 何ページ 読みましたか。（5点）

（しき）　　　　　　　　　　　（答え）

(4) 正方形の まわりの 長さが 360cm です。1つの へんの 長さは 何cmですか。（5点）

（しき）　　　　　　　　　　　（答え）

上級レベル 90 わり算 (2)★

1 わり算を しましょう。(1つ2点)

(1) 420÷7　　　　(2) 540÷6

(3) 60÷3　　　　(4) 360÷9

(5) 280÷7　　　　(6) 1800÷6

(7) 3000÷5　　　　(8) 4800÷8

2 □に あてはまる 数を 書きましょう。(1つ2点)

(1) [　　]÷7=300　　(2) [　　]÷6=50

(3) [　　]÷8=700　　(4) [　　]÷7=400

(5) 4000÷[　　]=500　(6) 240÷[　　]=30

(7) (250+[　　])÷9=70

3 240まいの カードを 8人で 同じ 数ずつ 分けると, 1人 何まいに なりますか。(5点)

[　　　　]

4 4人で お金を 同じ 金がくずつ 出して, 800円の ボールと 2800円の バットを 買います。1人 いくらずつ 出せば よいですか。(5点)

[　　　　]

5 5mの ロープから 同じ 長さの ロープを 6本 切りとったら ロープが 20cm あまりました。1本 何cmに 切りとりましたか。(5点)

[　　　　]

6 280まいの おり紙を 男の子 4人と, 女の子 3人に 同じ 数ずつ くばります。1人 何まい もらえますか。(5点)

[　　　　]

文しょうもんだい (1)

べん強した日 [　月　日]

時間 20分　合かく 40点　とく点　50点

1 カードを 95まい もって います。兄から 15まい もらいました。カードは ぜんぶで 何まいに なりましたか。(5点)

2 赤い 色紙が 52まい あります。赤い 色紙は 青い 色紙より 4まい 少ないそうです。青い 色紙は 何まい ありますか。(5点)

3 えんぴつは 50円, ノートは 120円です。ノートは えんぴつより 何円 高いですか。(5点)

4 色紙が 120まい あります。ゆうさんが 27まい つかい, 弟が 15まい つかいました。のこりは 何まいですか。(5点)

5 リボンを 1m60cm つかうと, のこりは 2m15cm に なりました。はじめ リボンは 何m何cm ありましたか。(6点)

6 ジュースが 2L1dL あります。2dL のみました。のこりは 何L何dLですか。(6点)

7 ホールから 129人が 出て きました。まだ 76人 のこって います。はじめ ホールに いたのは 何人でしたか。(6点)

8 みかんが 54こ あります。りんごは みかんより 18こ 少ないそうです。みかんと りんごは あわせて 何こ ありますか。(6点)

9 はとが 57羽 いました。19羽 とんで きましたが, 23羽 とんで いきました。はとは 何羽 いますか。(6点)

1回 20回 40回 60回 80回 100回 120回

シール

べん強した日
[　　月　　日]

時間 **20分**
合かく **35点**

とく点
　　　　/50点

上級レベル 92　文しょうもんだい (1)

1 2年生は 85人で 1組, 2組, 3組の 3つの クラスが あります。1組に 28人 2組に 29人 います。3組には 何人 いますか。(6点)

2 公園で 24人 あそんで いました。15人が 帰り, 12人 来ました。今 公園には 何人 いますか。(6点)

3 まさきさんは 460円 もって います。80円 を ちょ金ばこに 入れ, のこりで ノートを 買いましたが, まだ 220円 のこって います。ノートの だい金は 何円でしたか。(6点)

4 バスに 28人 のって いました。えき前の ていりゅうじょで 何人か おりて, 16人 のって きました。すると バスに のって いる 人は 34人に なりました。えき前で おりた 人は 何人でしたか。(6点)

5 38cm の テープと 62cm の テープを つなぎ目で 8cm かさねて つなぎました。つないだ テープの 長さは 何cmですか。(6点)

6 ひつじが 94頭, 馬が 76頭 います。馬が 7頭 ふえると, ひつじと 馬の 数の ちがいは 何頭に なりますか。(6点)

7 池の こいと ふなの 数を しらべました。こいは 245ひきで, ふなは こいより 245ひき 多いことが わかりました。こいと ふなは あわせて 何びき いますか。(7点)

8 学校の 前の 道を 通った 自てん車と オートバイと 自どう車の 数を しらべました。自てん車は オートバイより 17台 多く, 自どう車は オートバイより 31台 多かったそうです。自どう車は 70台でした。自てん車は 何台でしたか。(7点)

べん強した日　[　　月　　日]

時間 20分　とく点

合かく 40点　　　50点

1 たかしさんは 1日に 7ページずつ 本を 読みます。5日で 何ページ 読みますか。(5点)

2 1さつ 800円の 本が あります。この 本は 6さつで いくらに なりますか。(5点)

3 1つの へんの 長さが 9cmの 正方形の まわりの 長さは 何cmですか。(5点)

4 しょうゆが 3dL 入った びんが 9本あります。ぜんぶで 何L何dL ありますか。(5点)

5 1まい 8円の 色紙を 7まい 買って 100円 はらいました。おつりは いくらですか。(5点)

6 りんごを 6こずつ, 7つの はこに 入れましたが, 5こ のこりました。りんごは ぜんぶで 何こ ありますか。(5点)

7 6人の 子どもに 画用紙を 5まいずつ くばることに すると, 3まい たりません。画用紙は 何まい ありますか。(5点)

8 1本 40円の えんぴつを 8本 買うと, 30円 のこりました。はじめ いくら もって いましたか。(5点)

9 1まい 20円の 画用紙 7まいと, 1本 30円の えんぴつ 6本を 買いました。ぜんぶで いくらですか。(5点)

10 シールを 8人に 5まいずつ くばりました。何まいか のこったので, もう 1まいずつ くばりましたが, まだ 2まい のこって います。シールは ぜんぶで 何まい ありますか。(5点)

べん強した日
[月 日]

時間 **20分**
とく点

合かく **35点**　　50点

1 金魚ばちに 7ひきずつ 金魚を 入れます。8この 金魚ばちに 金魚を 入れましたが，まだ 14ひき のこって います。金魚は ぜんぶで 何びき いますか。(6点)

2 1つ 20円の あめと 1つ 30円の チョコレートを，6人の 子どもに 1つずつ くばります。ぜんぶで 何円 かかりますか。(6点)

3 子どもが 9そうの ボートに のります。1そうに 4人ずつ のって いくと，2そうだけ 3人のりに なりました。子どもは 何人ですか。(6点)

4 1まい 15円の 画用紙を 7まい 買う つもりで，ちょうどの お金を もって いきました。ところが 画用紙は 1まい 12円で 買えました。のこった お金は 何円ですか。(6点)

5 白い カードを たてに 3まい，よこに 6まい しきつめました。まわりを 黒い カードで かこって いきます。といに 答えましょう。(1つ6点)

(1)白い カードは 何まい ありますか。

(2)まわりを 黒い カードで かこみました。このとき 白と 黒の カードは，あわせて 何まい ありますか。

(3)白い カードを たてに 7まい，よこに 8まい しきつめて まわりを 黒い カードで かこみました。黒い カードは 何まい ありますか。

6 みかんを 6こずつ 入れた ふくろを 8ふくろずつ つめた はこが 5はこ あります。みかんは ぜんぶで なんこ ありますか。(8点)

標準レベル 95　文しょうもんだい (3)

1 画用紙を 6まいずつ 8人に くばったら, 4まい あまりました。画用紙は 何まい ありましたか。(6点)

2 45まいの おり紙を 8まいずつ 何人かに くばったら, 5まい あまりました。何人に くばりましたか。(6点)

3 40この あめを 何こかずつ 7人に くばろうと しましたが, 2こ たりませんでした。何こずつ くばろうと しましたか。(6点)

4 お母さんから もらった お金で, 1さつ 90円の ノートを 3さつと, 1本 50円の ペンを 2本 買ったら, お金が 130円 あまりました。お母さんから もらった お金は いくらですか。
(6点)

5 長い テープから 6cmの テープを 6本 切りとったら, テープが 4cm あまりました。長い テープは 何cmでしたか。(6点)

6 70cmの テープから 9cmの テープを 何本か 切りとったら, テープが 16cm あまりました。9cmの テープを 何本 切りとりましたか。(6点)

7 教室の いすを となりの 教室に はこびます。子ども 7人が 4きゃくずつ はこび, のこった 6きゃくを 先生が はこびました。いすは 何きゃく ありましたか。(7点)

8 買ってきた 本を 1日 9ページずつ 読むと, さいごの 日は 4ページだけ 読んで, 1週間で 読みおわりました。本は ぜんぶで 何ページでしたか。(7点)

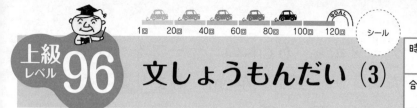

べん強した日
[　　月　　日]

時間 20分	とく点
合かく 35点	50点

1 シールを 30まいずつ 8人に くばったら, 10まい あまりました。シールは 何まい あり ましたか。(6点)

2 130まいの シールを 6まいずつ 何人かに くばったら, 10まい あまりました。何人に く ばりましたか。(6点)

3 もって いた お金で 1さつ 70円の ノート を 6さつ 買おうと しましたが, お金が 20 円たりませんでした。いくら もって いましたか。(6点)

4 みかんを 8こずつ ふくろに つめて いくと, 30ふくろ できて, みかんが 5こ あまります。 みかんは ぜんぶで 何こ ありますか。(6点)

5 もって いた お金で 1さつ 80円の ノート を 4さつと, 1本 40円の えんぴつを 9本 買いました。のこりの お金で 同じ えんぴつを もう 1本 買おうと しましたが, お金が 10 円 たりませんでした。もって いた お金は い くらですか。(6点)

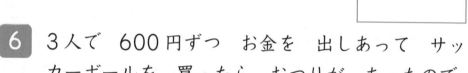

6 3人で 600円ずつ お金を 出しあって サッ カーボールを 買ったら おつりが あったので, 3人で 20円ずつ 分けました。サッカーボール は いくらでしたか。(6点)

7 1はこ 20こ入りの クッキーが 7はこ あり ます。1日 6こずつ 2週間 食べると, クッキ ーは 何こ のこりますか。(7点)

8 長い リボンから 5cmと 7cmと 8cmの リボンを それぞれ 8本ずつ 切りとったら, リ ボンが 20cm あまりました。長い リボンは 何cmでしたか。(7点)

97 最上級レベル 13

1 □に あてはまる 数を 書きましょう。(1つ3点)

(1) 8×□=64

(2) 36÷□=9

(3) 4200÷7=□

(4) 200÷5=□

(5) 720÷□=90

(6) □÷5=100

2 24この あめを 4人に 同じ 数ずつ 分けました。1人分は 何こですか。(5点)

3 600mLの ジュースを 3人で 分けました。1人分は 何mLですか。(5点)

4 ノートを 7さつ 買うと, だい金が 560円でした。ノート 1さつは 何円ですか。(5点)

5 3mの ロープから 同じ 長さの ロープを 4本 切りとったら, ロープが 20cm あまりました。1本 何cmに 切りとりましたか。(5点)

6 みかんが 115こ あります。36人の 子どもに 2こずつ くばりました。みかんは 何こ のこって いますか。(6点)

7 9人の 子どもに おはじきを 7こずつ くばりました。のこった おはじきを ほしい 子どもに あげることに すると, 4人が 2こずつ 3人が 1こずつ もらって ぜんぶ なくなりました。おはじきは 何こ ありましたか。(6点)

1回 20回 40回 60回 80回 100回 120回	シール

べん強した日	
[月 日]	
時間 20分	とく点
合かく 40点	50点

98 最上級レベル ⑭

1 □に あてはまる 数を 書きましょう。(1つ2点)

(1) □×6=54

(2) 7×□=28

(3) 40÷8=□

(4) 36÷4=□

(5) 200÷5=□

(6) 4900÷7=□

(7) □÷9=2

(8) □÷8=40

2 20まいの 色紙を 3人で 分けると, 2まい あまりました。1人分の 色紙は 何まいですか。(5点)

3 700円 もって 文ぼうぐやさんに 行きました。サインペンを 8本 買うつもりでしたが お金が 20円 たりません。サインペン 1本の ねだんは 何円ですか。(5点)

4 3人で お金を 同じ 金がくずつ 出して, 200円の ジュース 8本と 500円分の おかしを 買います。1人 いくらずつ 出せば よいですか。(6点)

5 7dLの コップで 4はいと, 8dLの コップで 何ばいかの 水を くむと, ぜんぶで 6Lに なりました。8dLの コップで 何ばい くみましたか。(6点)

6 1はこに 20こ 入って いる みかんの はこが 8はこ あります。1日 9こずつ 2週間 食べると, みかんは 何こ のこりますか。(6点)

7 レストランで 昼ごはんに たまごを 167こ つかいました。午後の 休み時間に 90こ 買って きましたが, 夕ごはんに 108こ つかいました。のこりを 数えると 70こでした。昼ごはんの 前に たまごは 何こ ありましたか。(6点)

標準レベル **99** 文しょうもんだい (4) ★

1回 20回 40回 60回 80回 100回 120回

シール

べん強した日 [月 日]

時間 **20分**　とく点

合かく **40点**　　/50点

1 なつみさんと かなさんの もって いる おはじきを あわせると 24こで, なつみさんは かなさんより 6こ 多く もって います。といに 答えましょう。（□1つ5点）

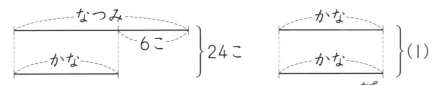

(1) かなさんの もって いる おはじきの 数の 2つ分は 何こですか。図を 見て 考えましょう。

(2) かなさん, なつみさんの もって いる おはじきは それぞれ 何こですか。

かな 　　　　　　　なつみ

2 兄の もって いる カードと 弟の もって いる カードを あわせると 24まいで, 兄は 弟の 2ばいの カードを もって います。といに 答えましょう。
（□1つ5点）

兄
弟
}24まい

(1) 24まいは 弟の もって いる カードの 何ばいですか。図を 見て 考えましょう。

(2) 弟, 兄の もって いる カードは それぞれ 何まいですか。

弟 　　　　　兄

3 男の人と 女の人が あわせて 85人 いて, 男の人が 女の人より 5人 多く います。といに 答えましょう。（1つ5点）

(1) 女の人は 何人 いますか。

(2) 男の人は 何人 いますか。

4 黒えんぴつと 赤えんぴつが あわせて 18本 あって, 黒えんぴつの 数は 赤えんぴつの 数の 2ばいです。といに 答えましょう。（1つ5点）

(1) 赤えんぴつは 何本 ありますか。

(2) 黒えんぴつは 何本 ありますか。

99

1回 20回 40回 60回 80回 100回 120回
シール
べん強した日
[　　月　　日]
時間 20分
合かく 35点
とく点 50点

上級レベル100 文しょうもんだい (4)★

1 1mの テープを 2本に 分けて, 長さが 20cm ちがうように します。といに 答えましょう。(1つ5点)

(1) みじかいほうの テープは 何cmに なりますか。

(2) 長いほうの テープは 何cmに なりますか。

2 りんごと なしを 2こずつ 買うと 400円で, なし 1こには りんご 1こより 40円 高いそうです。といに 答えましょう。(1つ5点)

(1) りんごと なしを 1こずつ 買うと いくらですか。

(2) りんごは 1こ いくらですか。

(3) なしは 1こ いくらですか。

3 あきらさんと 弟は あわせて 2400円 もって います。あきらさんの もって いる お金は 弟の 3ばいです。といに 答えましょう。(1つ5点)

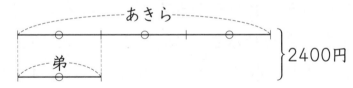

(1) 弟は いくら もって いますか。

(2) あきらさんは いくら もって いますか。

4 図のような 長方形が あります。まわりの 長さは 60cmで, アの 長さは イの 長さの 4ばいです。といに 答えましょう。(1つ5点)

(1) アの 長さと イの 長さを あわせると 何cmですか。

(2) イの 長さは 何cmですか。

(3) アの 長さは 何cmですか。

標準レベル 101 文しょうもんだい (5)★

べん強した日 [　　月　　日]

時間 20分	とく点
合かく 40点	50点

① 5mの 間を あけて 木を 5本 うえます。といに 答えましょう。(1つ7点)

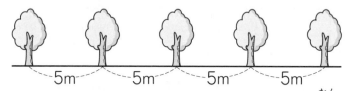

—5m——5m——5m——5m—

(1) 左の はしから 右の はしまで 何m ありますか。

(2) 同じように 木を 8本 うえると, 左の はしから 右の はしまで 何mに なりますか。

② 10人の 男の子が 3mの 間かくで 1れつに ならんで います。といに 答えましょう。(1つ7点)

(1) いちばん 前の 男の子から いちばん 後ろの 男の子まで 何m ありますか。

(2) 男の子と 男の子の 間に, 女の子が 2人ずつ 入ります。子どもは みんなで 何人に なりますか。

③ 20cmの テープを のりしろを 5cmに して 4本 つなぎます。テープの 長さは 何cmに なりますか。(6点)

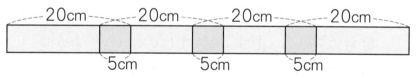

—20cm—　—20cm—　—20cm—　—20cm—
　　5cm　　　5cm　　　5cm

④ かべに 絵を ならべて はります。絵の はばは 40cmで, 絵と 絵の 間は 10cmずつ あけます。といに 答えましょう。(1つ8点)

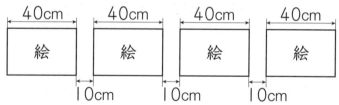

40cm　40cm　40cm　40cm
絵　　絵　　絵　　絵
　10cm　10cm　10cm

(1) 図のように 絵を 4まい はると, 左の はしから 右の はしまで 何m何cmに なりますか。

(2) 同じように 絵を 9まい はると, 左の はしから 右の はしまで 何m何cmに なりますか。

101

上級レベル 102 文しょうもんだい (5)★

1 7人の 子どもたちが 同じ 間かくで よこに ならんで います。左はしの 子どもから 右はしの 子どもまで 42m あります。子どもたちは 何mの 間かくで ならんで いますか。(7点)

2 長さが 49mの 道に そって 7mの 間かくで はしから はしまで 木を うえるとすると, 木は ぜんぶで 何本 いりますか。(7点)

3 3mの テープを はしから 30cmずつに 切って いくと, 30cmの テープが 10本 できました。といに 答えましょう。(1つ7点)

(1) 何回 切りましたか。

(2) 30cmの テープ 10本を のりしろを 4cmに して つなぎます。長さは 何m何cmに なりますか。

m   cm

4 けいじばんに よこの 長さが 50cmの 絵を 5まい はります。けいじばんの はしと 絵の 間, 絵と 絵の 間を 8cmずつ あけます。といに 答えましょう。(1つ7点)

(1) けいじばんの はばは 何m何cm ですか。

m   cm

(2) 同じように 絵を 8まい はるには, けいじばんの はばが 何m何cm あれば よいですか。

m   cm

5 長さが 2mの 木を 切って 40cmの 木を 5本 つくりたいと 思います。1回 切るのに 5分 かかり, 1回 切るごとに 3分ずつ 休むとすると, 切りおわるまでに 何分 かかりますか。(8点)

1回 20回 40回 60回 80回 100回 120回 GOAL

シール

べん強した日 〔　月　日〕

時間 20分
合かく 40点

とく点
50点

1 みかん 3こと りんご 1こを 買うと 210円, みかん 3こと りんご 2こを 買うと 300円です。といに 答えましょう。(1つ6点)

 210円　　 300円

(1) りんご 1この ねだんは いくらですか。

(2) みかん 1この ねだんは いくらですか。

2 バナナ 2本と レモン 1こを 買うと 80円, バナナ 2本と レモン 3こを 買うと 160円です。といに 答えましょう。(1つ6点)

 80円　　 160円

(1) レモン 1この ねだんは いくらですか。

(2) バナナ 1本の ねだんは いくらですか。

3 大きい コップ 1ぱいと 小さい コップ 2はいで 1Lの 水が 入ります。また, 大きい コップ 1ぱいと 小さい コップ 8はいで 2L2dLの 水が 入ります。といに 答えましょう。(1つ6点)

1L　　　　2L2dL

(1) 小さい コップ 1ぱいで 何dL 入りますか。

(2) 大きい コップ 1ぱいで 何dL 入りますか。

4 みかん 2こと りんご 2こを 買うと 200円, みかん 3こと りんご 1こを 買うと 160円です。といに 答えましょう。(1つ7点)

 200円　　 160円

(1) みかん 1こと りんご 1こを 買うと いくらですか。

(2) みかん 1この ねだんは いくらですか。

上級レベル 104　文しょうもんだい (6)★

1 りんご 1ことみかん 1こで 160円, みかん 1ことバナナ 1本で 90円, バナナ 1本とりんご 1こで 150円です。といに 答えましょう。(1つ5点)

　　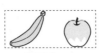

160円　　　90円　　　150円

(1) りんご 2こと みかん 2こと バナナ 2本で いくらですか。

(2) りんご 1こと みかん 1こと バナナ 1本で いくらですか。

(3) りんご 1この ねだんは いくらですか。

2 えんぴつ 1本と けしごむ 1こで 105円です。えんぴつ 1本の ねだんは けしごむ 1この ねだんより 15円 高いそうです。といに 答えましょう。(1つ7点)

(1) えんぴつ 2本を 買うと いくらに なりますか。

(2) けしごむ 1この ねだんは いくらですか。

3 りんご 2こと みかん 3こを 買うと 300円, りんご 4こと みかん 1こを 買うと 400円です。といに 答えましょう。(1つ7点)

300円　　　　　　400円

(1) りんご 4こと みかん 6こを 買うと いくらに なりますか。

(2) みかん 1この ねだんは いくらですか。

(3) りんご 1この ねだんは いくらですか。

べん強した日	
〔 月 日〕	
時間 **20**分	とく点
合かく **40**点	50点

きまりを 見つける★

1 図のように ○と ─を つかって 家の 形を つくります。家１つの 図では ○を ５こと ─を ６本 つかいます。といに 答えましょう。

(□1つ5点)

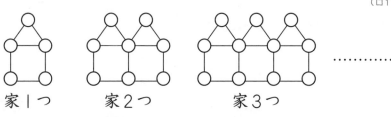

家１つ　　家２つ　　　家３つ

(1)家２つ, 家３つの 図では それぞれ ○と ─ を いくつ つかって いますか。

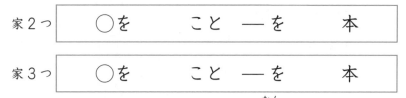

家２つ	○を　　　こ　─を　　　本
家３つ	○を　　　こ　─を　　　本

(2)家４つの 図を かくと, ○を 何こと ─を 何本 つかいますか。

○を　　　こ　─を　　　本

(3)家８つの 図を かくと, ○を 何こと ─を 何本 つかいますか。

○を　　　こ　─を　　　本

2 ある きまりに したがって 数が ならんで います。といに 答えましょう。(1つ6点)

１, ８, １５, ２２, ……

(1)２２の つぎの 数は 何ですか。

(2)１０番目の 数は 何ですか。

3 図のように 白い 正方形と 青い 正方形を ならべます。といに 答えましょう。(1つ6点)

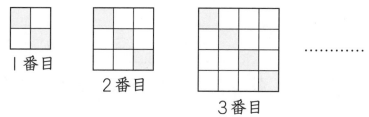

１番目　　２番目　　　３番目

(1)５番目の 形には 青い 正方形が 何こ ありますか。

(2)５番目の 形には 白と 青の 正方形が あわせて 何こ ありますか。

(3)９番目の 形には 白い 正方形が 何こ ありますか。

きまりを 見つける ★

1

図のように △と ▽を ならべた 形を つくって いきます。といに 答えましょう。(1つ6点)

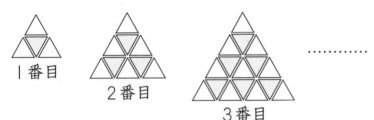

1番目　2番目　3番目 ……………

(1) 4番目の 形には △と ▽が それぞれ 何こ ありますか。

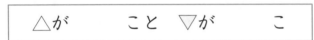

△が　　　　こ と ▽が　　　　こ

(2) 6番目の 形には △が 何こ ありますか。

(3) 10番目の 形には ▽が 何こ ありますか。

(4) 30番目の 形では, △の 数は ▽の 数より 何こ 多いですか。

2

ある きまりに したがって 数が ならんで います。といに 答えましょう。(1つ6点)

200, 194, 188, 182, ……

(1) 8番目の 数は 何ですか。

(2) 31番目の 数は 何ですか。

3

図のように 正方形を ならべた 形を つくって いきます。といに 答えましょう。(1つ7点)

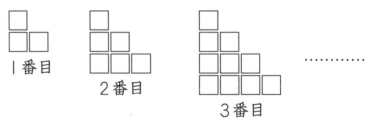

1番目　2番目　3番目 ……………

(1) 7番目の 形には 正方形が 何こ ありますか。

(2) 8番目の 形に ある 正方形と, 9番目の 形に ある 正方形を あわせると 何こですか。

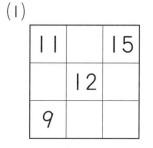

1回 20回 40回 60回 80回 100回 120回

べん強した日
[　　月　　日]

時間 **20分**
合かく **40点**

とく点
　　　/50点

標準レベル 107　数の パズル★

1 れいのように よこに ならんだ 2つの 数を たした 答えを 下に 書いて いきます。あいて いる □に 数を 書きましょう。（1つ10点）

（れい）

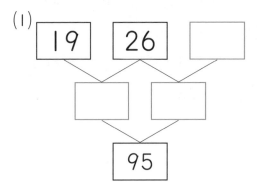

```
[8] [15] [6]
  [23] [21]
    [44]
```

(1)
```
[19] [26] [  ]
  [  ] [  ]
    [95]
```

(2)
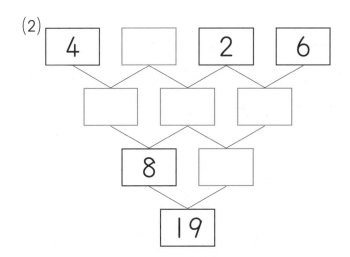
```
[4] [  ] [2] [6]
 [ ] [ ] [ ]
   [8] [ ]
    [19]
```

2 右の わくの 中の 数は, たてに 3つ たしても, よこに 3つ たしても, ななめに 3つ たしても, 答えが ぜんぶ 15に なります。

8	1	6
3	5	7
4	9	2

つぎの わくの あいて いる ところに 数を 入れて, たて, よこ, ななめに たした 答えが ぜんぶ 同じに なるように しましょう。（1つ10点）

(1)

11		15
	12	
9		

(2)

11	4	
		8
		12

3 A, B, C, D, Eは, 0, 1, 2, 3, 4の 数の うち どれかの 数を あらわして います。つぎの ヒントを 見て, それぞれ どの 数を あらわして いるか 答えましょう。（10点）

ヒント
- C×C=B です。
- B+D=B です。
- E×A=E です。
- C+A=E です。

A [　　]　B [　　]　C [　　]　D [　　]　E [　　]

上級レベル 108　数の　パズル★

べん強した日	[　月　日]
時間 20分	とく点
合かく 35点	50点

1 れいは　○の　中に　1から　6までの　数を　1つずつ　つかって，よこに　ならんだ　2つの　数の　大きい　数から　小さい　数を　ひいた　答えを　下に　書いた　ものです。これに　ならって，つぎの　あいて　いる　○に　数を　書きましょう。(1つ10点)

(れい)

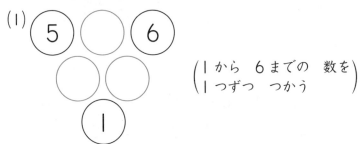

(1)

(1から　6までの　数を)
(1つずつ　つかう)

(2)

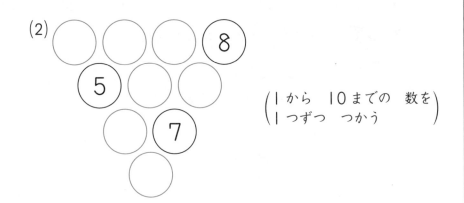

(1から　10までの　数を)
(1つずつ　つかう)

2 つぎの　わくの　あいて　いる　ところに　数を　入れて，たて，よこ，ななめに　たした　答えが　ぜんぶ　同じに　なるように　しましょう。(1つ7点)

(1)

		49
31	76	13

(2)

25	4	
	10	16

3 A，B，C，D，Eは，1，2，3，4，5の　数の　うち　どれかの　数を　あらわして　います。2つの　九九が　正しく　なるように，それぞれに　あてはまる　数を　答えましょう。(8点)

A×B=CD 　　 A×E=CE

A□　B□　C□　D□　E□

4 つぎの　ひっ算で　A，B，Cは　どんな　数字を　あらわして　いますか。同じ　ものは　同じ　数字を　あらわして　います。(8点)

```
  A B
+   A
-----
B C C
```

A□　B□　C□

108

標準レベル 109　図形の　パズル★

べん強した日　［　月　日］

時間 20分	とく点
合かく 40点	50点

1 れいのように　線を　ひいて　いくつかの　正方形に　分けましょう。正方形の　大きさは　同じでも　ちがって　いても　かまいません。（1つ5点）

（れい）

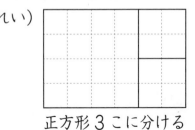

正方形3こに分ける

(1)

正方形4こに分ける

(2)

正方形6こに分ける

(3)

正方形7こに分ける

(4)

正方形8こに分ける

2 線を　ひいて　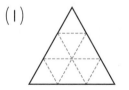　の　形に　分けましょう。むきは　かえても　かまいません。（1つ5点）

(1)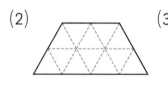

(2)

(3)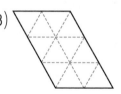

3 正方形の　2つの　ちょう点が　アと　イです。れいのように　あと　2つの　ちょう点を　見つけて，正方形を　かきましょう。（1つ5点）

（れい）ア　　イ

(1) ア
　　　　　イ

(2) ア　　　イ

(3) 　　　イ
　　ア

109

上級レベル 110

図形の パズル★

1 点を むすんで はこの 形を と中まで かきました。つづきを かきましょう。(1つ5点)

(1)

(2)

2 さいころの 形を した つみ木を つみかさねました。それぞれ つみ木を 何こ つかいましたか。(1つ5点)

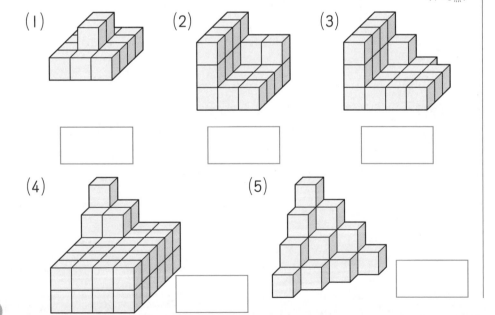

(1) □

(2) □

(3) □

(4) □

(5) □

3 点線に そって 線を ひき, 同じ 形 6つに 分けましょう。(5点)

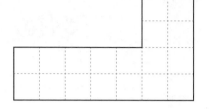

4 さいころの 形を した つみ木を つみかさねました。れいに ならって, 上から 見た 図と, 前から 見た 図と, 右から 見た 図を かきましょう。(1つ5点)

(れい)

上から見た図　前から見た図　右から見た図

(1)

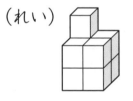

上から見た図　前から見た図　右から見た図

(2)

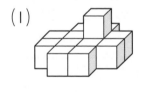

上から見た図　前から見た図　右から見た図

最上級レベル 15

べん強した日	
[月 日]	
時間 20分	とく点
合かく 35点	50点

1 2mの テープを 2本に 分けて, 長さが 20cm ちがうように します。といに 答えましょう。(1つ5点)

(1) みじかいほうの テープは 何cmに なりますか。

(2) 長いほうの テープは 何m何cmに なりますか。

2 バナナ 3本と レモン 1こを 買うと 120円, バナナ 3本と レモン 3こを 買うと 240円です。といに 答えましょう。(1つ5点)

120円

240円

(1) レモン 1この ねだんは いくらですか。

(2) バナナ 1本の ねだんは いくらですか。

3 ある きまりで 数が ならんで います。といに 答えましょう。(1つ5点)

16, 23, 30, 37, ……

(1) 37の つぎの 数は 何ですか。

(2) 10番目の 数は 何ですか。

4 つぎの わくの あいて いる ところに 数を 入れて, たて, よこ, ななめに たした 答えが ぜんぶ 同じに なるように しましょう。(1つ5点)

(1)
		27
20		76
		41

(2)
12	75	
48		66

5 点線に そって 線を ひき, 同じ 形 4つに 分けましょう。(10点)

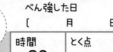

112 最上級レベル 16

1 つぎの もんだいに 答えましょう。(1つ7点)

(1) まっすぐな 道に そって さくらの 木が 6m おきに 31本 うえて あります。はしから はしまで 何m ありますか。

（解答欄）

(2) 8人の 先生が 5m 間かくで ならんで います。先生と 先生の 間に 子どもが 4人ずつ 入ります。子どもは ぜんぶで 何人 入りますか。

（解答欄）

2 線を ひいて いくつかの 正方形に 分けましょう。正方形の 大きさは 同じでも ちがって いても かまいません。(1つ6点)

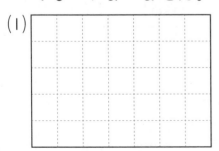

(1) 正方形 5 こに 分ける

(2) 正方形 7 こに 分ける

3  大人 1人と 子ども 1人が ゆう園地に 入ると, 入園りょうは あわせて 2400円です。大人の 入園りょうは 子どもの 2ばいです。とい に 答えましょう。(□1つ4点)

(1) 子どもと 大人の 入園りょうは それぞれ いくらですか。

子ども 1人 （解答欄）　　大人 1人 （解答欄）

(2) 大人 2人と 子ども 5人で 入ると, 入園りょうは ぜんぶで いくらに なりますか。

（解答欄）

4 図のように 白い 正方形と 青い 正方形を ならべます。といに 答えましょう。(1つ6点)

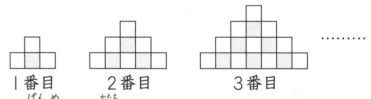

1番目　2番目　3番目　………

(1) 4番目の 形には 青い 正方形が 何こ ありますか。

（解答欄）

(2) 7番目の 形には 白と 青の 正方形が あわせて 何こ ありますか。

（解答欄）

シール

べん強した日
[　　月　　日]

時間 20分	とく点
合かく 40点	50点

113 仕上げテスト ①

1 計算を しましょう。（1つ2点）

(1) 26+17

(2) 80-37

(3) 95+78

(4) 117-69

(5) 7×8

(6) 6×9

(7) 20×7

(8) 500×6

2 ひっ算を しましょう。（1つ3点）

(1)
```
  139
+  83
```

(2)
```
  465
+ 385
```

(3)
```
  204
-  66
```

(4)
```
  719
- 236
```

3 □に あてはまる 数を 書きましょう。（1つ3点）

(1) 2 L ＝ □ dL

(2) 5 m 40 cm ＝ □ cm

(3) 2 時間 30 分 ＋ 40 分 ＝ 3 時間 □ 分

(4) 4＋4＋4＋4＋4＋4＝4× □

(5) 23＋45＋ □ ＝100

4 1つ 20円の チョコレートを 6こと, 90円 の ジュース 1本を 買って, 500円 はらい ました。おつりは いくらですか。（3点）

□

5 28人の 男の子が 1れつに ならんで います。男の子と 男の子の 間に 女の子が 1人ずつ 入ります。子どもは みんなで 何人に なります か。（4点）

□

1回 20回 40回 60回 80回 100回 120回

シール

べん強した日
[　　月　　日]

時間 **20分**

合かく **40点**

とく点

___／50点

114 仕上げテスト ❷

1 右のような 図を 組み立てて, はこの 形を つくります。といに 答えましょう。(1つ6点)

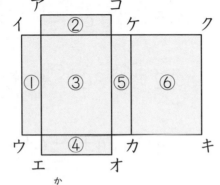

(1) アの ちょう点と かさなる ちょう点を 2つ 書きましょう。

[　　　と　　　]

(2) アコの へんと かさなる へんを 書きましょう。

[　　　　]

(3) ①の めんと むかいあう めんを 書きましょう。

[　　　　]

2 右の 図には 三角形が 5こ ありま す。下の 図に 三角形は 何こ あり ますか。(6点)

[　　　　]

3 1本の 長さが 60cmの テープを, のりしろ に 8cmずつ かさねて つなぎます。(1), (2)の ように つなぐと 長さは 何m何cm ですか。

(1つ6点)

60cm　　60cm　　60cm

8cm　　8cm　　……

(1) 4本 つなぐ。

[　　　　]

(2) 8本 つなぐ。

[　　　　]

4 20人の 子どもが 1れつに ならんで います。 ようこさんは 前から 7番目に います。また たかしさんの 後ろには 8人の 子どもが いま す。といに 答えましょう。(1つ7点)

(1) たかしさんは 前から 何番目に いますか。

[　　　　]

(2) ようこさんと たかしさんの 間に いる 子ども は 何人ですか。

[　　　　]

115 仕上げテスト ③

時間	とく点
20分	
合かく 40点	50点

 1 計算を しましょう。（1つ2点）

(1) 35+57

(2) 60−42

(3) 83+69

(4) 246−78

(5) 4×9

(6) 7×7

(7) 30×8

(8) 400×6

 2 ひっ算を しましょう。（1つ3点）

(1)
```
  263
+  57
```

(2)
```
  375
+587
```

(3)
```
  136
−  59
```

(4)
```
  662
−355
```

 3 □に あてはまる 数を 書きましょう。（1つ3点）

(1) 3 L= _____ mL

(2) 2 m 8 cm= _____ cm

(3) 2 時間 30 分 −40 分 = _____ 分

(4) 4×7+4=4× _____

(5) (12+20)÷ _____ =4

 4 ものがたりの 本を 1日 3ページずつ 読むと, 3 週間で 読みおわります。ものがたりの 本は 何ページ ありますか。（3点）

 5 あきらさんは カードを 60まい もって います。そのうちの 8まいを 弟に あげたら, あきらさんと 弟の カードが 同じ 数に なりました。弟は はじめに カードを 何まい もって いましたか。（4点）

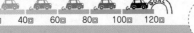
116 仕上げテスト ④

⭐1 右のような 図を 組み立てて さいころを つくります。1の目と 6の目, 2の目と 5の目, 3の目と 4の目が むかいあうように します。といに 答えましょう。(□1つ4点)

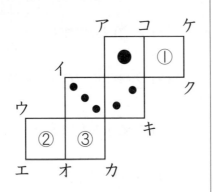

(1) ①, ②, ③の めんには 4, 5, 6のうち どの目が 入りますか。答えは 数字で 書きましょう。

① [　　　]　② [　　　]　③ [　　　]

(2) アの ちょう点と かさなる ちょう点を 2つ 書きましょう。

[　　　と　　　]

(3) アコの へんと かさなる へんを 書きましょう。

[　　　　　　]

(4) 組み立てた さいころには へんが ぜんぶで 何本 ありますか。

[　　　　　　]

⭐2 れいの 図には 四角形が 5こ あります。それぞれの 図に 四角形は 何こ ありますか。(1つ5点)

(れい)　　　　　　(1)　　　　　　(2)

[　　　]　　[　　　]

⭐3 右の 図は たてが 2cm, よこが 3cmに なるように, たてと よこに 1cmずつ 線を ひいた ものです。線と 線の 交わる ところに 点を つけます。といに 答えましょう。

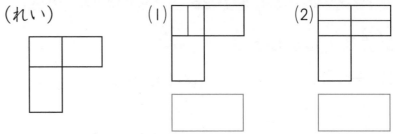

(1) この 図では 線の 長さは ぜんぶで 何cmですか。(5点)

[　　　　　　]

(2) たてが 5cm, よこが 7cmに なるような 図を かくと, 線の 長さは ぜんぶで 何cmに なりますか。(5点)

[　　　　　　]

(3) たてが 5cm, よこが 7cmに なるような 図を かくと, 点は 何こ つきますか。(6点)

[　　　　　　]

117 仕上げテスト ⑤

べん強した日	
[月 日]	
時間 **20分**	とく点
合かく **40点**	50点

 1 計算を しましょう。(1つ2点)

(1) 460+550

(2) 1250−380

(3) 278+39

(4) 724−568

(5) 3×90

(6) 800×7

(7) 36÷4

(8) 720÷9

2 □に あてはまる 数を 書きましょう。(1つ3点)

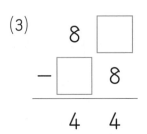

(1)
```
  2 □
+ □ 8
─────
  7 5
```

(2)
```
  3 □ 2
+ □ 5 □
───────
  8 3 5
```

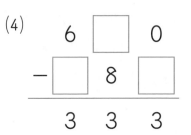

(3)
```
  8 □
− □ 8
─────
  4 4
```

(4)
```
  6 □ 0
− □ 8 □
───────
  3 3 3
```

3 □に あてはまる 数を 書きましょう。(1つ3点)

(1) 2 dL=□ mL

(2) 1 m 80 cm+3 m 40 cm=□ m □ cm

(3) 午前 11 時の 4 時間後 ＝ 午後 □ 時

(4) 6×6=4×□

(5) (260+□)×3=1200

4 くりひろいで たかおさんは くりを 65こ ひろいました。弟は たかおさんより 8こ 少なく ひろいました。2人 あわせて 何こ ひろいましたか。(3点)

□

5 学校で 遠足に 行きました。40人のりの バス 4台に みんなで のりましたが, 1台の バスは 7人分の せきが あいて いました。みんなで 何人 行きましたか。(4点)

□

117

1回 20回 40回 60回 80回 100回 120回
シール

べん強した日
[月 日]

時間 20分
合かく 40点

とく点
50点

118 仕上げテスト ⑥

⭐**1** 9mの 間を あけて まっすぐに はたを 立てると, はしから はしまで 63m ありました。といに 答えましょう。(1つ7点)

(1) はたは ぜんぶで 何本 立てましたか。

(2) はたと はたの 間に 石を 3こずつ おきます。石は ぜんぶで 何こ いりますか。

⭐**2** 0, 1, 2, 3, 8, 9の 6つの 数字の 中から 4つの 数字を 1こずつ つかって 4けたの 数を つくります。といに 答えましょう。(1つ7点)

(1) 5000に いちばん 近い 数は 何ですか。

(2) いちばん 大きい 数から いちばん 小さい 数を ひくと いくつに なりますか。

⭐**3** 本だなに 本が ならんで います。図かんは 左から 数えると 5さつ目に あります。また 右から 数えると 12さつ目に あります。ならんで いる 本は ぜんぶで 何さつですか。(6点)

⭐**4** (ア)のように さいころの 形を した つみ木を 5こ つみ上げて, まわりから 見える めんを ぜんぶ 赤色に ぬります。赤く ぬられた つみ木の めんは ぜんぶで 17こ ありました。といに 答えましょう。(1つ8点)

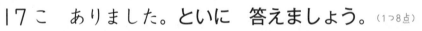

(1) (イ)のように つむには さいころの 形を した つみ木が 何こ いりますか。

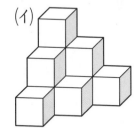

(2) 同じように まわりを 赤く ぬると, (イ)では 赤く ぬられた つみ木の めんは ぜんぶで 何こ ありますか。

119 仕上げテスト ⑦

時間 **20分**
合かく **40点**
とく点 ____ 50点

1 計算を しましょう。(1つ3点)

(1)(17+23)×9

(2)6×9×5

(3)25+26+27+28+42+43+44+45

2 マッチぼうを ならべて 正方形を つくります。といに 答えましょう。(1つ5点)

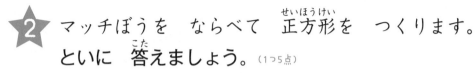

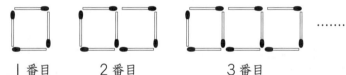

1番目   2番目   3番目   ……

(1)4番目では マッチぼうを 何本 つかいますか。

(2)10番目では マッチぼうを 何本 つかいますか。

(3)マッチぼうを 22本 つかうのは 何番目ですか。

3 ア・イに あてはまる 分数を 書きましょう。(□1つ2点)

(1) 0 ├──┼──┼──┼──┤
      ↑ ↑
      ア イ

ア [   ] イ [   ]

(2) 0 ├──┼──┼──┼──┤
         ↑   ↑
         ア   イ

ア [   ] イ [   ]

4 つぎの もんだいに 答えましょう。(1つ6点)

(1)みさきさんの せの 高さは 1m32cmで, きょ年より 9cm のびました。きょ年の せの 高さは 何m何cmでしたか。

[   ]

(2)ひろしさんは 午後7時35分に しゅくだいを はじめて 午後8時15分に おわりました。しゅくだいを していたのは 何分間ですか。

[   ]

(3)エベレスト山の 高さは 8848m, ふじ山の 高さは 3776mです。エベレスト山の 高さは ふじ山の 高さの 2ばいと あと 何m ありますか。

[   ]

1回 20回 40回 60回 80回 100回 120回

シール

べん強した日
[月   日]

時間 **20分**

とく点

合かく **40点**   50点

120 仕上げテスト ⑧

1 ノート 1さつと えんぴつ 3本を 買うと 170円, ノート 2さつと えんぴつ 1本を 買うと 190円です。といに 答えましょう。

(1つ5点)

(1) ノート 2さつと えんぴつ 6本を 買うと いくらですか。

(2) えんぴつ 1本の ねだんは いくらですか。

2 右の 形で 正方形を 数えます。といに 答えましょう。(1つ6点)

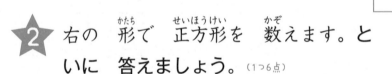

(1) ☐ は 何こ ありますか。

(2) 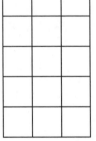 は 何こ ありますか。

(3) 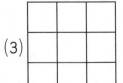 は 何こ ありますか。

3 今は 午前で 時計を 見ると 右の ように なって います。といに 答えましょう。(1つ5点)

(1) 今から 45分後の 時こくは 午前何時何分ですか。

午前

(2) 今から 3時間30分後の 時こくは 午後何時何分ですか。

午後

4 れいのように よこに ならんだ 2つの 数を たした 数を 下に 書きます。ア, イ, ウに 入る 数を 答えましょう。(1つ4点)

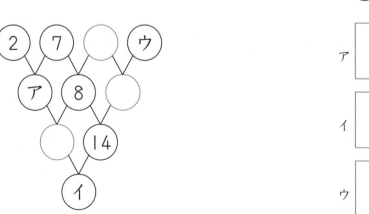

ア

イ

ウ

標準レベル 1 ひょうと グラフ

☑解答

❶ (1)ゆうき
(2)3こ
(3)ゆりかとあいり
(4)37こ

❷
形	□	△	▲	☆	★
数(こ)	8	11	7	6	4

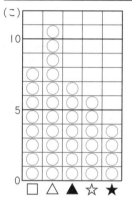

❸ (1)7点
(2)27人

指導の手引き

❶ (2)二人の入れた玉の数の違いを答えます。
(3)グラフの高さが同じ人を答えます。

❷ 数えもれや二重に数えることがないように，鉛筆で印をつけながら数えるように指導してあげてください。合計の個数が36個になっているかどうかも確かめてからグラフに○をかくようにすると，さらにミスが減ります。

❸ (2)6点より高いのは，7点が9人，8点が8人，9点が6人，10点が4人で，合計27人です。6点の人は数えません。

上級レベル 2 ひょうと グラフ

☑解答

❶ (1)19さつ (2)6さつ (3)9さつ
(4)11さつ (5)60さつ

❷ (1)7日
(2)8日
(3)5日間

❸ (1)80人 (2)14こ

指導の手引き

❶ 物の個数を数えるときに「正」の字を使って5つ単位で数えると便利です。それぞれの人が借りた本の数は次のようになります。

ゆりか	正正丁	……12冊
ともや	正下	……8冊
あいり	正正正	……15冊
ゆうき	正一	……6冊
もえ	正正正正	……19冊

5人の合計は，計算で 12+8+15+6+19=60（冊）のように求めてもよいのですが，「正」の字が2つで10を表すことに目をつけて，「正正」のかたまりが5つと，残りのはんぱなものを集めて10だから，50と10で60のように数えてもかまいません。

❷ (3)表が2段にわかれていて，実際は15日と16日のところがつながっていることに注意させましょう。晴れの日は15日から19日まで5日間続いています。

❸ (1)では1目盛りが10人，(2)では1目盛りが2個を表します。1目盛りはいつも1とは限らないことに注意させてください。

標準レベル 3 いちの あらわしかた

☑解答

❶ (1)みちこ，けいこ，さおり
(2)ようこ
(3)3れつ目の 前から 2番目
(4)2れつ目の 後ろから 1番目

❷ (1)○○○○○●○○○○○○
(2)○○○○○○○○○●●●
(3)6こ目

❸ (1)6番目
(2)ともや
(3)5さつ

指導の手引き

❷ (2)右から「3こ」は，右から「3こ目」とは違います。「3こ目」というのは3個目にある1つだけ，「3こ」というのは3個目まで全部であることを納得させてあげてください。
(3)左から10個目の○を塗りつぶして，右から何個目にあるかを数えます。

❸ このような問題では，頭の中で 10−5=5 のような計算をしてしまうと，わからなくなります。
本の代わりに□を10個並べて，2人が読んだ本をチェックするようにさせましょう。次のような図をかいて考えさせましょう。

文章から絵や図をかき，それをもとに考える力を養いましょう。

✓解答

1 (1) 14人　(2) 5番目

2 7人

3 (1)(2の5)
　　(2)右の図

4 (1)(エの5)
　　(2)(オの4)

（グリッド図：6の行の3列目に○、5の行の2列目にイ、3の行の4列目にア）

	1	2	3	4	5	6
6			○			
5		イ				
4						
3				ア		
2						
1						

指導の手引き

1 (1)子どもを○で表した図をかきます。

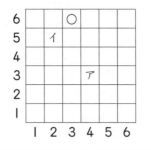
ゆうき
7 6 5 4 3 2 1
○○○○○○○●○○○○○○
1 2 3 4 5 6 7 8

子どもの数は 8+7=15（人）ではなく，それより1人少ない14人です。これは，8+7=15 としたときに，ゆうきさんを2回数えているからです。お子さまには式で教えるのではなく，図をかいて数えるように指導してあげてください。

(2)
まもる
5 4 3 2 1
○○○○○○○○○●○○○○
1 2 3 4 5 6 7 8 9 10

2
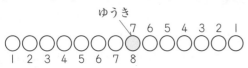
としゆき
9 8 7 6 5 4 3 2 1
○○○●○○○○○○●○○○○○○○○
1 2 3 4　　7人　　あきこ

3 アの位置を(4の3)と表すことから，表し方のきまりが，横→たて の順であることをつかみます。

4 表し方のきまりをお子さま自身の言葉で表してみるように指導します。

✓解答

1 (1) 87　(2) 78　(3) 42
　　(4) 85　(5) 94　(6) 70

2 (1) 78　(2) 52　(3) 98　(4) 77
　　(5) 99　(6) 77

3 27人

4 52ひき

5 67まい

6 63ページ

指導の手引き

1 (3)〜(6)では「くり上がり」に注意させましょう。たとえば，(3)の計算では，「9 たす 3 は 12，1 くり上がって 1 たす 1 は 2，2 たす 2 は 4」のように声を出しながら練習をくり返してください。

(1)　　36
　　＋51
　　　87

(2)　　32
　　＋46
　　　78

(3)　 ¹19
　　＋23
　　　42
　　　↑
　　9+3=12

(4)　 ³7
　　＋48
　　　85
　　　↑
　　7+8=15

(5)　 ⁴7
　　＋47
　　　94
　　　↑
　　7+7=14

(6)　 ⁵4
　　＋16
　　　70
　　　↑
　　4+6=10

2 くり上がりのないたし算です。まだ計算に慣れていないようであれば，筆算でもかまいません。

5 「ひろきさんより 25 まい多い」の意味がつかみにくいときは，簡単な図をかいて見せましょう。

ひろき ├──42まい──┤
兄　　 ├──────┤──25まい──┤

✓解答

1 (1) 92　(2) 56　(3) 78
　　(4) 80　(5) 91　(6) 83

2 (1) 31　(2) 96　(3) 94　(4) 76
　　(5) 82　(6) 70

3 62回

4 35羽

5 (1) 39こ
　　(2) 63こ

指導の手引き

1 (3)以外は「くり上がり」があります。

(1)　 ¹79
　　＋13
　　　92
　　　↑
　　9+3=12

(2)　 ¹18
　　＋38
　　　56
　　　↑
　　8+8=16

(3)　　52
　　＋26
　　　78

(4)　 ¹47
　　＋33
　　　80
　　　↑
　　7+3=10

(5)　 ¹25
　　＋66
　　　91
　　　↑
　　5+6=11

(6)　 ¹39
　　＋44
　　　83
　　　↑
　　9+4=13

2 くり上がりのあるたし算です。筆算でもかまいません。2年生の終わりまでには，2桁のたし算，ひき算は暗算でできるようにしておきましょう。

3
まなみ ├──47回──┤
やすし ├──────┤15回┤
やすしさんのとんだ回数は，47+15=62（回）

5 (1)，(2)と順番に求めていけばよいのですが，テストでは(1)が省略されていて，(2)だけが問題になっている場合もあります。どちらにしても順序立てて考えるように指導してあげてください。

標準 レベル 7 たし算の ひっ算 ⑵

☑解答

❶ (左から)(1) 4, 6　(2) 7, 5　(3) 4, 4
　(4) 4, 4　(5) 7, 7　(6) 3, 7

❷ (1) 39　(2) 75　(3) 87　(4) 99

❸ (右上からとけい回りに)
　(1) 42, 48, 66, 79, 93
　(2) 41, 52, 63, 80, 94

❹ 62 まい

❺ 80 こ

指導の手引き

❶ (3)〜(6)では, 一の位の計算で, たす(たされる)数より
も答えが小さいので,「くり上がり」があるということ
に気づかせてあげてください。

(1)
```
    3 6
  + 4 2
  ─────
    7 8
```
くり上がりなし

(2)
```
    5 1
  + 2 5
  ─────
    7 6
```
くり上がりなし

(3)
```
    1
    2 6
  + 1 4
  ─────
    4 0
```
　　　　↑
　　6+4=10

(4)
```
    1
    3 4
  + 4 9
  ─────
    8 3
```
　　　　↑
　　4+9=13

(5)
```
    1
    1 7
  + 7 8
  ─────
    9 5
```
　　　　↑
　　7+8=15

(6)
```
    1
    3 7
  + 3 3
  ─────
    7 0
```
　　　　↑
　　7+3=10

❷ 3つのたし算は基本的には前から順に計算を行います
が,(4)のように, 24+56 から先にするほうが簡単な
場合もあります。

❸ (1)
円の中に 35, 93, 8, 42, 66, 27, 15, 52, 21, 79, 39, 48, 66

(2)
円の中に 28, 94, 12, 41, 78, 16, 25, 64, 36, 80, 47, 52, 63

❺ 青いおはじきは 32+16=48(個) あるので, 赤と
青を合わせると 32+48=80(個) です。

上級 レベル 8 たし算の ひっ算 ⑵

☑解答

❶ (左から) (1) 56, 64, 72
　(2) 52, 65, 78
　(3) 34, 51, 68

❷ (1)(上から) 41, 98
　(2)(上のだんから) 23, 15, 29
　　　　　　　　　　 38, 44
　　　　　　　　　　 82

❸ (1) 83　(2) 88　(3) 78

❹ 61 才

❺ 59 こ

❻ 34 人

指導の手引き

❷ (1)
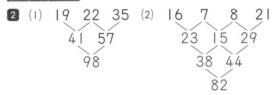
```
  19  22  35      16  7  8  21
    41  57          23  15  29
      98              38  44
                        82
```

❸ どれも「くり上がり」があります。

(1)
```
    1
    3 5
    2 8
  + 2 0
  ─────
    8 3
```
5+8+0=13

(2)
```
    1
    1 9
    4 3
  + 2 6
  ─────
    8 8
```
9+3+6=18

(3)
```
    1
    5 7
    8
  + 1 3
  ─────
    7 8
```
7+8+3=18

❹ お父さんは 8+28=36(才) で, おじいさんは
36+25=61(才) です。

❺ あげた分は 12+18=30(個) です。30 個あげても
29 個残っているから, 送られてきたかきは
29+30=59(個) です。

❻ まさるさんの前にいる 15 人と後ろにいる 18 人
で 15+18=33(人) います。これに, まさるさん自
身も含めて, みんなで 34 人です。

標準 レベル 9 ひき算の ひっ算 ⑴

☑解答

❶ (1) 22　(2) 37　(3) 70
　(4) 18　(5) 47　(6) 48

❷ (1) 17　(2) 30
　(3) 22　(4) 47
　(5) 22　(6) 32

❸ 35 円

❹ 45 人

❺ 32 才

❻ ともやさんが 18 こ 多く ひろった

指導の手引き

❶ (4)〜(6)では「くり下がり」があります。

(1)
```
    6 7
  - 4 5
  ─────
    2 2
```

(2)
```
    8 8
  - 5 1
  ─────
    3 7
```

(3)
```
    9 3
  - 2 3
  ─────
    7 0
```

(4)
```
    2
    3 3
  - 1 5
  ─────
    1 8
```
　　　↑
　13-5=8

(5)
```
    7
    8 6
  - 3 9
  ─────
    4 7
```
　　　↑
　16-9=7

(6)
```
    6
    7 0
  - 2 2
  ─────
    4 8
```
　　　↑
　10-2=8

この問題に限らず, ひき算をしたときは逆に答えにひく
数をたしてひかれる数になるか, たし算を行って答えを
確かめる習慣をつけておいてください。

❷ たし算の暗算に比べると, ひき算の暗算はかなりレベ
ルの高いものになります。今のところ, 暗算が無理なら
筆算でも十分です。

❺ お父さん ├──────┤

おじいさん ├──────────────┤
　　　　　　　　　　└────61才────┘

題意がつかみにくいときは, 上の図で「29 才年下」と
いうのはどこで表すとよいか, 考えさせましょう。

上級レベル10 ひき算の ひっ算 (1)

☑解答

1 (1) 26　(2) 45　(3) 13
　(4) 58　(5) 6　(6) 27

2 (1) 44　(2) 21　(3) 34　(4) 66
　(5) 7　(6) 45

3 (1) 43人　(2) 6人

4 (1) 42円　(2) 38円

指導の手引き

1 すべて「くり下がり」があります。

(1)
$$\begin{array}{r} {}^4\!\!\not{5}2 \\ -26 \\ \hline 26 \end{array}$$
12−6=6

(2)
$$\begin{array}{r} {}^8\!\!\not{9}0 \\ -45 \\ \hline 45 \end{array}$$
10−5=5

(3)
$$\begin{array}{r} {}^5\!\!\not{6}1 \\ -48 \\ \hline 13 \end{array}$$
11−8=3

(4)
$$\begin{array}{r} {}^7\!\!\not{8}6 \\ -28 \\ \hline 58 \end{array}$$
16−8=8

(5)
$$\begin{array}{r} {}^6\!\!\not{7}3 \\ -67 \\ \hline 6 \end{array}$$
13−7=6

(6)
$$\begin{array}{r} {}^3\!\!\not{4}1 \\ -14 \\ \hline 27 \end{array}$$
11−4=7

2 「くり下がり」のあるひき算の暗算です。難しいようであれば筆算でもかまいません。ただ, (1)や(2)のひき算（2桁−1桁）は暗算でできるようにがんばりましょう。

3 2年生の男の子, 女の子, 合計 と, 1年生の男の子, 女の子, 合計 の6つの数が出てきます。問題文中の92人, 49人などの4つの数がどれに当たるか, 別紙に書き出して頭の中を整理しましょう。
(2) 1年生の男の子は 88−45=43（人）です。

4 (1)持っているお金が弟（=60円）より18円少なくなったので, 60−18=42（円）です。
(2) 80円持っていたのが42円になったので, チョコレートの値段は 80−42=38（円）です。

標準レベル11 ひき算の ひっ算 (2)

☑解答

1 (1) 18　(2) 39　(3) 18
　(4) 29　(5) 27　(6) 63

2 (1) 18　(2) 16　(3) 7　(4) 37
　(5) 29　(6) 38

3 (左から)
　(1) 5, 7　(2) 5, 2　(3) 7, 7
　(4) 5, 2　(5) 4, 5　(6) 2, 2

4 (1)白い バスが 3人 多い　(2) 53人

指導の手引き

1 すべて「くり下がり」があります。

(1)
$$\begin{array}{r} {}^2\!\!\not{3}5 \\ -17 \\ \hline 18 \end{array}$$
15−7=8

(2)
$$\begin{array}{r} {}^7\!\!\not{8}0 \\ -41 \\ \hline 39 \end{array}$$
10−1=9

(3)
$$\begin{array}{r} {}^5\!\!\not{6}4 \\ -46 \\ \hline 18 \end{array}$$
14−6=8

(4)
$$\begin{array}{r} {}^4\!\!\not{5}8 \\ -29 \\ \hline 29 \end{array}$$
18−9=9

(5)
$$\begin{array}{r} {}^6\!\!\not{7}2 \\ -45 \\ \hline 27 \end{array}$$
12−5=7

(6)
$$\begin{array}{r} {}^8\!\!\not{9}1 \\ -28 \\ \hline 63 \end{array}$$
11−8=3

3 答えにひく数をたすとひかれる数になることから, 一の位の数に注目させます。(3)では, 答えの9よりもひかれる数の6のほうが小さいことから,「くり下がり」があることに気づかせてあげてください。

(1)
$$\begin{array}{r} 9\boxed{7} \\ -\boxed{5}2 \\ \hline 45 \end{array}$$
くり下がりなし

(2)
$$\begin{array}{r} \boxed{5}8 \\ -22 \\ \hline 36 \end{array}$$
くり下がりなし

(3)
$$\begin{array}{r} \boxed{7}6 \\ -17 \\ \hline 59 \end{array}$$
16−7=9

(4)
$$\begin{array}{r} {}^8\!\!\not{9}\boxed{2} \\ -\boxed{5}9 \\ \hline 33 \end{array}$$
12−9=3

(5)
$$\begin{array}{r} {}^6\!\!\not{7}2 \\ -\boxed{4}5 \\ \hline 27 \end{array}$$
12−5=7

(6)
$$\begin{array}{r} {}^2\!\!\not{3}0 \\ -\boxed{2}\boxed{2} \\ \hline 8 \end{array}$$
10−2=8

上級レベル12 ひき算の ひっ算 (2)

☑解答

1 (左から)(1) 4, 2　(2) 2, 4　(3) 6, 6
　(4) 5, 8　(5) 2, 6　(6) 4, 6

2 (1) 33　(2) 72　(3) 2　(4) 26

3 23人

4 28まい

5

32	25	30
27	29	31
28	33	26

指導の手引き

1 (1)
$$\begin{array}{r} {}^7\!\!\not{8}\boxed{2} \\ -\boxed{4}6 \\ \hline 36 \end{array}$$
12−6=6

(2)
$$\begin{array}{r} 38 \\ +\boxed{2}\boxed{4} \\ \hline 62 \end{array}$$
8+4=12

(3)
$$\begin{array}{r} \boxed{6}6 \\ -16 \\ \hline 50 \end{array}$$
くり下がりなし

(4)
$$\begin{array}{r} {}^1\!\!\,2\boxed{8} \\ +\boxed{5}5 \\ \hline 83 \end{array}$$
8+5=13

(5)
$$\begin{array}{r} 77 \\ -\boxed{2}6 \\ \hline 51 \end{array}$$
くり下がりなし

(6)
$$\begin{array}{r} \boxed{4}6 \\ +46 \\ \hline 92 \end{array}$$
6+6=12

2 たし算, ひき算が混じった計算では, 前から順に計算を行うのが原則です。(2)は 62+(39−29)=72,
(3)は 90−(22+66)=2 とするほうが簡単ですが, 2年生では無理に指導しない方がよいでしょう。

3 ゆかさんの前に並んでいる18人と, ゆかさん自身の1人を全体からひいて求めます。
42−18−1=23（人）

4 80−27−25=28（枚）ですが, 2人が使った画用紙の枚数を先に求めてもよいでしょう。
27+25=52（枚）, 80−52=28（枚）

5 左のますの数は, 87−32−28=27
上のますの数は, 87−32−30=25
ますの数をひとつずつ計算します。

13 最上級レベル ①

☑解答

1. (1)正正正下 (2)55こ
2. (1)92 (2)86 (3)72
   (4)46 (5)9 (6)31
3. (1)14人 (2)7人
4. 90こ
5. 13人

指導の手引き

1. (1)左から3つめの「正」の字が完成していません。

2. (1)
$$\begin{array}{r} \overset{1}{6}\,8 \\ +2\,4 \\ \hline 9\,2 \end{array}$$
8+4=12

   (2)
$$\begin{array}{r} \overset{1}{3}\,9 \\ +4\,7 \\ \hline 8\,6 \end{array}$$
9+7=16

   (3)
$$\begin{array}{r} \overset{1}{4}\,6 \\ +2\,6 \\ \hline 7\,2 \end{array}$$
6+6=12

   (4)
$$\begin{array}{r} \overset{7}{8}\,3 \\ -3\,7 \\ \hline 4\,6 \end{array}$$
13-7=6

   (5)
$$\begin{array}{r} \overset{6}{7}\,2 \\ -6\,3 \\ \hline 9 \end{array}$$
12-3=9

   (6)
$$\begin{array}{r} 9\,7 \\ -6\,6 \\ \hline 3\,1 \end{array}$$

3. (1)たかしさんは○のところにいます。

   (2)なつみさんは◎のところにいます。

4. 15+25+50=90(個)

5. 23人が乗っていて5人が降りたとき、
   23-5=18(人) になっています。
   それが31人になったのだから、乗ってきた人は
   31-18=13(人) です。

14 最上級レベル ②

☑解答

1. (左から)
   (1)3, 6 (2)4, 7 (3)4, 7
   (4)5, 8 (5)4, 6 (6)8, 8
2. (1)45 (2)40 (3)90 (4)3
3. 75まい
4. 42人
5. 31才

指導の手引き

1. (1)
$$\begin{array}{r} \overset{1}{2}\boxed{6} \\ +\boxed{3}\,9 \\ \hline 6\,5 \end{array}$$
6+9=15

   (2)
$$\begin{array}{r} \overset{1}{3}\,4 \\ +\boxed{4}\boxed{7} \\ \hline 8\,1 \end{array}$$
4+7=11

   (3)
$$\begin{array}{r} \overset{1}{\boxed{4}}\,3 \\ +2\boxed{7} \\ \hline 7\,0 \end{array}$$
3+7=10

   (4)
$$\begin{array}{r} 6\boxed{8} \\ -5\,5 \\ \hline 1\,3 \end{array}$$
くり下がりなし

   (5)
$$\begin{array}{r} \overset{8}{9}\,0 \\ -\boxed{4}\boxed{6} \\ \hline 4\,4 \end{array}$$
10-6=4

   (6)
$$\begin{array}{r} \overset{7}{\boxed{8}}\,7 \\ -4\boxed{8} \\ \hline 3\,9 \end{array}$$
17-8=9

2. (1)1+9=10, 2+8=10, 3+7=10, 4+6=10
   とあと5があるので45です。
   (2)34と26を先にたして60, 100から60をひきます。
   (3)13+17=30, 38+22=60 だから90です。
   (4)31-30=1, 46-45=1, 69-68=1

4. 24+1+17=42(人)

5. おばあさんとお父さんの年令の違い(差)を考えます。

   だいすけ ├─┤
   おばあさん ├───── 64才 ─────┤
   お父さん ├── 33才 ──┤······?···┤

   難しいときは「もしだいすけさんが10才だったら、おばあさんは何才? お父さんは何才?」と尋ねてみましょう。

15 標準レベル 1000までの 数 (1)

☑解答

1. (1)672 (2)370 (3)307
2. (1)10
   (2)(じゅんに) 100, 8
   (3)750
3. (1)619 (2)906 (3)480
4. (1)250 → 300 → 350 → 400
   (2)456 → 546 → 564 → 645
   (3)793 → 801 → 810 → 892
5. (左から)
   (1)500, 550
   (2)790, 800
   (3)400, 398

指導の手引き

1. (1)百の位が6, 十の位が7, 一の位が2です。
   (2)百の位が3, 十の位が7で、一の位はないので0と書きます。
   (3)百の位が3, 一の位が7で、十の位はないので0と書きます。
   0を書かないと、(2)も(3)も37になってしまいます。

2. (1)(2)問題をよく読んで書くようにしましょう。
   (3)10を10個集めると100だから、70個集めると700, あと5個で50だから、750と考えさせてください。

4. 100の位の数が小さい数から書きます。
   100の位の数が同じものは、10の位の数をくらべて、小さい数から書いていきます。

5. (1)50ずつ大きくなるようにします。
   (2)10ずつ大きくなるようにします。
   (3)2ずつ小さくなるようにします。

上級 レベル 16　1000までの　数 ⑴

☑解答

1　(1) 567　(2) 300　(3) 756

2　(1)ア…240　イ…360
　　(2)ア…186　イ…208

3　(1) 134　(2) 394

4　(1) 645 円　(2) 488 円

指導の手引き

1　(1)「10 を 36 こ」は「100 を 3 こと 10 を 6 こ」と同じことです。
　(3)「1 を 56 こ」は「10 を 5 こと 1 を 6 こ」と同じことです。

2　(1) 200 から 300 の間に 10 目盛りあるので，1 目盛りは 10 を表します。
　(2) 180 から 220 の間に大きい目盛りが 4 目盛りあるので，大きい 1 目盛りは 10 を表します。さらに小さい目盛り 5 つごとに大きい目盛りがあるので，小さい 1 目盛りは 2 を表しています。大きい目盛りに数を入れていくとわかりやすくなります。

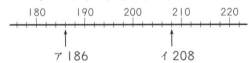

3　(1)いちばん小さい数字から小さい順に，百の位→十の位→一の位と入れていきます。
　(2) 400 に近いのは，413 または 394 です。413 は 400 より 13 大きく，394 は 400 より 6 小さいので，394 のほうが 400 に近い数です。

4　(2)持っていたお金(=645 円)から使ったお金(=157 円)を引いてもよいのですが，残ったお金は，100 円玉が 4 枚，10 円玉が 7 枚，1 円玉が 18 枚で，合計 488 円としても求められます。

標準 レベル 17　1000までの　数 ⑵

☑解答

1　(1) 301　(2) 599　(3) 700　(4) 300

2　(1) 600　(2) 240
　　(3) 204　(4) 280
　　(5) 640　(6) 244

3　(1)<　(2)>　(3)<　(4)<　(5)>

4　(1) 102　(2) 432　(3) 431　(4) 243

指導の手引き

1　(4)右辺の 170 に注意します。173 と，あといくつで 473 になるか考えます。

2　同じような数のたし算ばかりですが，位取りがわかっているかどうかを確かめるのに有効な問題です。まちがえるようであれば，たとえば下のようにこの問題の 2 を 1 に，4 を 3 に変えた問題を紙に書いてあげて，できるようになるまでくり返し練習させてください。

(1)　100+300=☐	(2)　100+30=☐
(3)　100+3=☐	(4)　130+30=☐
(5)　130+300=☐	(6)　130+3=☐

3　百の位の数→十の位の数→一の位の数　の順に数の大小を調べます。

4　(1)いちばん小さい数字から小さい順に，百の位→十の位→一の位と入れていくのですが，百の位には 0 を入れることができません。したがって，百の位には 1 を入れ，0 は十の位に入れます。
　(2)(3)いちばん大きい数は 432 です。2 番目に大きい数は，一の位の 2 を 1 に変えた 431 です。
　(4) 5 という数字がないので，250 に近いのは，240 台でいちばん大きい 243 になります。

上級 レベル 18　1000までの　数 ⑵

☑解答

1　(1) 5
　　(2)ア…710　イ…780
　　(3) 745

2　(1) 300　(2) 20　(3) 480　(4) 498

3　(1) 978　(2) 405　(3) 498

4　567, 568, 569, 578, 579, 589
　　（じゅんばんがちがっていてもかまいません）

指導の手引き

1　(1) 10 目盛りで 50 なので，1 目盛りは 5 です。
　(3)アからイまでは 14 目盛りあるので，アから 7 目盛りのところがアとイのまん中になります。

2　(3) 500−20 の答えは「あと 20 で 500 になる数」を考えます。
　(4) 500−2 の答えは「あと 2 で 500 になる数」を考えます。

3　(1)できる 3 桁の数は大きい順に，987 → 985 → 984 → 980 → 978 です。
　(2)十の位をいちばん小さい 0 にし，一の位を，4 を除いて次に小さい 5 にします。
　(3) 400 台で 500 にいちばん近い数は 498，500 台で 500 にいちばん近い数は 504 です。
　500−498=2，504−500=4 ですから，498 のほうが 500 に近い数です。

4　数を小さい順に書き出すようにしましょう。思いついたまま書いていくと，同じものを 2 つ書いたり，抜けているものがあっても何が抜けているのか迷ってしまいます。

標準レベル 19　たし算の　ひっ算 (3)

☑解答

❶ (1)128　(2)113　(3)159
　(4)150　(5)102　(6)152

❷ (右上からとけい回りに)
　(1)79, 90, 103, 119, 153
　(2)103, 115, 128, 143, 160

❸ 176人

❹ 120まい

❺ 180点

❻ 168円

❼ 167ページ

指導の手引き

❶ 答えが3桁になるたし算です。
(4)〜(6)では一の位からの「くり上がり」に注意しましょう。

(1)
```
  93
+35
 128
```
(2)
```
  51
+62
 113
```
(3)
```
  76
+83
 159
```
(4)
```
  94
+56
 150
```
4+6=10
(5)
```
  49
+53
 102
```
9+3=12
(6)
```
  65
+87
 152
```
5+7=12

❸ 文章題では，まず式をつくって書く習慣を身につけましょう。実際の計算は筆算で，自分で書いて行うようにしましょう。85+91=176(人)

❹ 44+76=120(枚)

❺ 95+85=180(点)

❻ 84+84=168(円) と考えます。

❼ 今日読んだのは 76+15=91(ページ) なので，昨日と合わせて 76+91=167(ページ) になります。

上級レベル 20　たし算の　ひっ算 (3)

☑解答

❶ (1)195　(2)229　(3)321
　(4)681　(5)315　(6)803

❷ (1)
```
  87
+53
 140
```
(2)
```
 256
+ 76
 332
```
(3)
```
 393
+178
 571
```

❸ (1)183　(2)138　(3)268

❹ (1)118こ　(2)213こ

❺ (1)424円　(2)500円

指導の手引き

❶ くり上がりに十分注意して計算しましょう。

(1)
```
 158
+ 37
 195
```
8+7=15
(2)
```
 173
+ 56
 229
```
7+5=12
(3)
```
 272
+ 49
 321
```
1+7+4=12　2+9=11
(4)
```
 587
+ 94
 681
```
1+8+9=18　7+4=11
(5)
```
 168
+147
 315
```
1+6+4=11　8+7=15
(6)
```
 349
+454
 803
```
1+4+5=10　9+4=13

❷ 筆算を自分で書くときは，桁をきちんとそろえて書くこと，数字の大きさをそろえて書くことが大切です。方眼ノートなどで練習するとよいでしょう。

❸ (1)50+50=100 を先にするほうが簡単です。
(2)74+26=100 を先にするほうが簡単です。
(3)26+74=100，57+43=100 を先にするほうが簡単です。

❹ (1)95+23=118(個)
(2)95+118=213(個)

❺ (1)126+298=424(円)
(2)(1)の結果を利用します。
424+76=500(円)

標準レベル 21　たし算の　ひっ算 (4)

☑解答

❶ (左から)
　(1)1, 5, 8　(2)2, 1, 1
　(3)8, 5, 6　(4)3, 0, 8

❷ (1)197　(2)175　(3)195

❸ (1)224人　(2)351人

❹ (1)714円　(2)672円

❺ 465まい

指導の手引き

❶ (1)
```
  8⬚8
+⬚57
 1⬚45
```
(2)
```
 2⬚74
+  4⬚1
  3⬚15
```
(3)
```
 7⬚57
+  7⬚6
  8⬚33
```
(4)
```
 3⬚4⬚8
+ 255
  6⬚0⬚3
```

❷ (1)
```
  62
  89
+46
 197
```
2+9+6=17
(2)
```
  54
  72
+49
 175
```
4+2+9=15
(3)
```
  64
  65
+66
 195
```
4+5+6=15

❸ (1)108+116=224(人)
(2)(1)の結果を利用します。
224+127=351(人)
筆算で 108+116+127 を計算して，答えが合っていることを確かめるとよいでしょう。

❹ (1)357+357=714(円) と考えます。

❺ ひろしさんが弟と友だちにあげたカードの合計は，48+52=100(枚) です。したがって，365+100=465(枚) 持っていたことになります。

解答

127

上級レベル22　たし算の　ひっ算 (4)

☑解答

❶ (1) 726　(2) 900　(3) 981
　 (4) 841　(5) 425　(6) 876

❷ （左から）
　 (1) 2, 7, 6　(2) 8, 6, 8
　 (3) 4, 2, 8　(4) 2, 7, 4

❸ (1) 261 こ　(2) 651 こ

❹ 512 こ

❺ 900

指導の手引き

❶
(1)
```
   463
 +263
  726
```
(2)
```
   278
 +622
  900
```
(3)
```
   603
 +378
  981
```
(4)
```
   555
 +286
  841
```
(5)
```
   176
 +249
  425
```
(6)
```
   489
 +387
  876
```

❷
(1)
```
  2 5 6
 +4 7 3
  7 2 9
```
(2)
```
   4 6 7
 + 3 5 8
   8 2 5
```
(3)
```
  1 2 5
 +4 9 3
  6 1 8
```
(4)
```
   5 7 8
 + 2 1 4
   7 9 2
```

❸ (1) ゆかさんはひろみさんより 54 個多いので，168+54=222（個）持っています。
ともこさんは「ゆかさんより 39 個多い」と読み替えて考えます。222+39=261（個）

❹ 189+67+256=512（個）

❺ 145 と 155，147 と 153，149 と 151 を組みにしてたし算をすると簡単です。

標準レベル23　ひき算の　ひっ算 (3)

☑解答

❶ (1) 127　(2) 85　(3) 271
　 (4) 49　(5) 184　(6) 364

❷
(1)
```
   106
 -  32
    74
```
(2)
```
   215
 -  35
   180
```
(3)
```
   200
 -  86
   114
```

❸ (1) 47　(2) 81　(3) 33　(4) 65
　 (5) 74　(6) 28

❹ 44 ページ

❺ 37 円

❻ 178 人

指導の手引き

❶ 3 桁ひく 2 桁のひき算です。
(1)
```
   156
 -  29
   127
```
(2)
```
   119
 -  34
    85
```
(3)
```
   366
 -  95
   271
```
(4)
```
   126
 -  77
    49
```
(5)
```
   225
 -  41
   184
```
(6)
```
   432
 -  68
   364
```

❷ たし算の筆算のときと同様，桁をそろえて書く，字の大きさをそろえて書くことが大切です。方眼ノートを使って筆算することをお勧めします。

❸ たして 100 になる 2 つの数の組合せは，暗算で答えられるように練習しておくとよいでしょう。

❹ 120-76=44（ページ）

❺ 100-63=37（円）

❻ 1 年生は 2 年生より「少ない」のですから，203-25=178（人）となります。

上級レベル24　ひき算の　ひっ算 (3)

☑解答

❶ (1) 146　(2) 125　(3) 278
　 (4) 306　(5) 623　(6) 335

❷ (1) 530　(2) 370　(3) 170　(4) 350
　 (5) 500　(6) 90

❸ (1) 88　(2) 494

❹ 64 人

❺ 193 本

❻ 244 円

指導の手引き

❶ 3 桁ひく 2 桁，または，3 桁ひく 3 桁のひき算です。まちがいやすいので，ていねいに計算するようにさせましょう。
(1)
```
   218
 -  72
   146
```
(2)
```
   184
 -  59
   125
```
(3)
```
   341
 -  63
   278
```
(4)
```
   463
 -157
   306
```
(5)
```
   811
 -188
   623
```
(6)
```
   700
 -365
   335
```

❸ 算数の問題では，このような図（線分図）を使って考えることがよくあります。
たとえば「2 年生は全部で 150 人います。このうち女の子は 62 人です。男の子は何人いますか。」のように，図を見て問題を作らせてみるとよいでしょう。

❹ 125-61=64（人）

❺ 白い花は赤い花より 72 本「少ない」のですから，265-72=193（本）です。問題文には「多い」とありますが，どちらがどちらより「多い」のかを正しく読み取る必要があります。

❻ ポテトフライ 2 個で 128+128=256（円）
500 円払うと，おつりは 500-256=244（円）

128

標準レベル 25 ひき算の ひっ算 (4)

☑解答

❶ (1) 354　(2) 428　(3) 8
　(4) 274　(5) 264　(6) 198

❷
(1)
```
  608
 -280
  328
```
(2)
```
  923
 -357
  566
```
(3)
```
  413
 -192
  221
```

❸ (左から)
　(1) 1, 2　(2) 2, 3, 9
　(3) 4, 5, 7　(4) 6, 6, 4

❹ 323 こ

❺ 129 ページ

指導の手引き

❶ 3桁ひく3桁のひき算です。まちがいやすいので、ていねいに計算するように指導してあげてください。

(1)
```
  61
  7̸23
 -369
  354
```
(2)
```
  6
  6̸73
 -245
  428
```
(3)
```
  0
  3̸14
 -306
    8
```
(4)
```
  49
  5̸0̸0
 -226
  274
```
(5)
```
  7
  8̸26
 -562
  264
```
(6)
```
  43
  5̸4̸3
 -345
  198
```

❸ 答えが出せたら、逆の計算のたし算をして、その答えを確かめさせましょう。

(1)
```
  1 ☐ 7          35
 -  8 2  確かめ  +82
    35          117
```

❹ 500−177=323（個）

❺ 昨日と今日で読んだページ数は、
74+84=158（ページ）
残りは 287−158=129（ページ）

上級レベル 26 ひき算の ひっ算 (4)

☑解答

❶ （左から）
　(1) 5, 4, 4　(2) 7, 2, 1
　(3) 4, 0, 0　(4) 6, 7, 7

❷ (1) 349　(2) 228

❸ 168人

❹ 200 まい

❺ 720 円

指導の手引き

❶ 答えが出せたら、逆の計算のたし算をして、その答えを確かめさせましょう。

(1)
```
   7
  8̸4̸7          253
 -5̸9̸4  確かめ  +594
   253          847
```

❷ (1) 198+253=451, 800−451=349
　(2) 376+208=584, 584−356=228

❸ 3年生は、524−343=181（人）
2年生は3年生より6人「少ない」ので、
181−6=175（人）
1年生と2年生で343人だから、1年生は
343−175=168（人） です。

❹ ひろきさんがとったシールは、
205−18=187（枚）
兄とひろきさんで 205+187=392（枚）だから、弟は 592−392=200（枚） です。

❺ ポテトチップス1袋とチョコレート2箱で、
189+283+283=755（円）
これに 35円足りないので、
755−35=720（円） です。

27 最上級レベル ③

☑解答

❶ (1) 700　(2) 20　(3) 280

❷ (1) 354　(2) 784　(3) 701
　(4) 128　(5) 384　(6) 267

❸ 550人

❹ (1) 504 円　(2) 700 円

❺ (1) 408　(2) 904

指導の手引き

❶ (1) 600と800の間で、ちょうどまん中の数なので 700 です。
(2) 600と800の間が10目盛りに区切られているので、1目盛りは 20 です。
(3) アは 700、イは 980 を表しているので、
980−700=280 大きいことがわかります。

❷
(1)
```
  11
  298
 + 56
  354
```
(2)
```
   1
  317
 +467
  784
```
(3)
```
  11
  466
 +235
  701
```
(4)
```
  19
  2̸06
 - 78
  128
```
(5)
```
  4
  5̸76
 -192
  384
```
(6)
```
  70
  8̸1̸3
 -546
  267
```

❸ 1年生は 176人、2年生と3年生で 374人ですから、全部で、176+374=550（人） です。

❹ (1) 84+420=504（円） です。
(2) 504円の買い物をして、まだ196円残っているのですから、持っていたお金は 504+196=700（円）です。

❺ (1) 0は百の位に使えないので、百の位は4にし、十の位、一の位と小さい順に数字を並べます。
(2) 894と904のうち、900に近いのは 904 です。

129

☑解答

❶ (1)イ…360　エ…470
　　(2)イ…680　エ…735
❷ (1)978　(2)798
❸ （左から）
　　(1)2，5，6　(2)6，2，8
　　(3)1，0，0　(4)3，5，6
❹ 437こ

指導の手引き

❶ (1)1目盛りが10になります。
　(2)1目盛りが5になります。

❷ (1)大きい順に並べると，
　987，986，985，980，978 となり，
　5番目は978です。
　(2)798と805のうち，800に近いのは798です。

❸ (1)
```
    1 1
   4 5 6
 + 2 5 6
 ─────
   7 1 2
```
(2)
```
    1 1
   1 2 6
 + 4 9 8
 ─────
   6 2 4
```
(3)
```
   8 0 0
 - 1 8 7
 ─────
   6 1 3
```
(4)
```
   6 5 0
 - 2 7 6
 ─────
   3 7 4
```

❹ ゆかさんが持っているおはじきの数は，212個持っ
ているひろみさんより75個少ないので
212−75=137(個) です。
ゆかさんはともこさんより49個多く持っているので，
ともこさんが持っているおはじきの数は，
137−49=88(個) です。
3人の持っているおはじきを合わせると，
212+137+88=437(個) となります。

☑解答

❶ (1)8 cm 5 mm　(2)12 cm 9 mm
　　(3)6 cm 5 mm　(4)4 cm 2 mm
❷ (1)12 cm → 5 cm → 8 mm
　　(2)25 mm → 2 cm 3 mm → 1 cm 9 mm
❸ (1)60　(2)35
　　(3)(じゅんに) 4，7　(4)(じゅんに) 12，3
　　(5)(じゅんに) 10，5
❹ (1)20 cm 7 mm　(2)4 cm 3 mm

指導の手引き

❶ (3)アとウの間にcmの目盛りが6つとmmの目盛り
が5つあります。だから，アからウまでの長さは
6 cm 5 mm です。また，アの目盛りが2 cm，ウの目
盛りが8 cm 5 mm だから，8 cm 5 mm−2 cm=6 cm
5 mm のように計算で求めることもできます。
(4)イの目盛りが6 cm，エの目盛りが10 cm 2 mm だ
から，イからエまでは10 cm 2 mm−6 cm=4 cm
2 mm です。
お子さまに持たせるものさしは，プラスチック製の透明
なものがよいでしょう。透明でないものや，イラストな
どが描かれたものは測るものが見にくくなるためお勧め
できません。

❷ 1 cm=10 mm の関係を使って，単位をmmにそろ
えましょう。(1)は左から50 mm，8 mm，120 mmで
す。 (2)は左から23 mm，25 mm，19 mm です。

❸ (3)47 mm を40 mm と7 mm に分けます。
40 mm=4 cm なので，4 cm 7 mm となります。
(4)123 mm=120 mm+3 mm=12 cm 3 mm

❹ (1)cmとmmを分けて計算します。
12 cm 5 mm+8 cm 2 mm=20 cm 7 mm
(2)12 cm 5mm−8 cm 2 mm=4 cm 3 mm

☑解答

❶ ア…5 cm 5 mm　イ…5 cm 2 mm
　　ウ…6 cm 1 mm　エ…4 cm 4 mm
❷ (1)10　(2)90　(3)8　(4)109
❸ (1)14 cm 8 mm　(2)7 cm 5 mm
　　(3)9 cm 6 mm　(4)6 cm 8 mm
　　(5)7 cm 6 mm　(6)4 cm 7 mm
❹ 1 cm 2 mm

指導の手引き

❶ イ…7 cm 2 mm−2 cm=5 cm 2 mm
ウ…11 cm 6 mm−5 cm 5 mm=6 cm 1 mm

❷ (3)20 mm+20 mm+20 mm+20 mm=80 mm
=8 cm

❸ (3)7 mm+9 mm=16 mm で，16 mm=1 cm 6 mm
なのでくり上げの考え方でcmの数を1増やします。
5 cm 7 mm+3 cm 9 mm=8 cm 16 mm=9 cm 6 mm
また，単位をmmに直してから計算することもできます。
5 cm 7 mm+3 cm 9 mm=57 mm+39 mm
=96 mm=9 cm 6 mm
(4)mmの数がひけないので，くり下がりの考え方でcm
の数を1減らして計算します。
12 cm 4 mm−5 cm 6 mm
=11 cm 14 mm−5 cm 6 mm=6 cm 8 mm

❹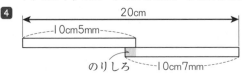

重ねずにつないだときの長さは，
10 cm 5 mm+10 cm 7mm=21 cm 2 mm
全体の長さを20 cm にするので，
21 cm 2 mm−20 cm=1 cm 2 mm 重ねてのりしろに
します。

標準レベル31 長さ (2)

☑解答

❶ ア…60 cm　イ…1 m 40 cm
　ウ…2 m 20 cm　エ…3 m 90 cm
❷ (1)3　(2)500　(3)223　(4)105
❸ 48 cm, 4 m, 4 m 8 cm, 480 cm, 5 m
❹ (1)9 m 50 cm　(2)5 m 20 cm
　(3)6 m 10 cm　(4)9 m 40 cm
　(5)10 m 58 cm
❺ 930 m
❻ 1 m 72 cm

指導の手引き

❶ 1 m は 100 cm です。10 目盛りで 1 m だから、1 目盛りは 10 cm になっています。

❷ 何 m という長さはものさしでは測れませんから、巻き尺などを使うことになります。巻き尺も、ぜひ、お子さまに持たせてあげたい道具の1つです。鉄製で自動巻のものは危ないですから、ビニール製のものがよいでしょう。部屋の端から端まで何 m 何 cm あるかなど、いろいろな長さを測ることによって長さの感覚が身につきます。

❸ 単位を cm にそろえると、左から、
400 cm, 48 cm, 480 cm, 408 cm, 500 cm です。

❹ (1)m と cm を分けて計算します。
5 m 30 cm＋4 m 20 cm＝9 m 50 cm
(3)2 m 50 cm＋3 m 60 cm＝5 m 110 cm, 110 cm ＝1 m 10 cm なので 5 m＋1 m 10 cm＝6 m 10 cm となります。また、単位を cm にそろえて 2 m 50 cm ＋3 m 60 cm＝250 cm＋360 cm＝610 cm ＝6 m 10 cm と計算することもできます。

❺ 250 m＋680 m＝930 m

❻ 1 m 28 cm＋44 cm＝1 m 72 cm

上級レベル32 長さ (2)

☑解答

❶ ア…1 m 20 cm　イ…2 m 50 cm
　ウ…1 m 30 cm　エ…2 m 20 cm
❷ (1)ア　(2)アとエ
❸ (1)7 m 50 cm　(2)1 m 30 cm
　(3)3 m 65 cm　(4)6 m 55 cm
　(5)8 m 1 cm
❹ 60 cm
❺ 3 m 22 cm

指導の手引き

❶ 1 目盛りは 10 cm です。
ウ…2 m 50 cm－1 m 20 cm＝1 m 30 cm
エ…3 m 40 cm－1 m 20 cm＝2 m 20 cm

❷ (2)アとエをたすと、2 m 60 cm＋240 cm＝260 cm ＋240 cm＝500 cm＝5 m になります。

❸ (1)1 m 60 cm＋5 m 90 cm＝6 m 150 cm ＝7 m 50 cm
(2)2 m 10 cm－80 cm＝1 m 110 cm－80 cm ＝1 m 30 cm
はじめから単位を cm にそろえて計算すると、
2 m 10 cm－80 cm＝210 cm－80 cm＝130 cm ＝1 m 30 cm
いろいろな見方で計算できるように心がけましょう。
(4)10 m－3 m 45 cm＝1000 cm－345 cm ＝655 cm＝6 m 55 cm

❹ 2 m は 200 cm です。70 cm のテープ 2 本の長さは 70 cm＋70 cm＝140 cm だから、残りのテープの長さは 200 cm－140 cm＝60 cm です。

❺ 青い棒の長さは 1 m 35 cm＋52 cm＝1 m 87 cm だから、2 つの棒を合わせた長さは、
1 m 35 cm＋1 m 87 cm＝135 cm＋187 cm ＝322 cm＝3 m 22 cm です。

標準レベル33 時こくと 時間 (1)

☑解答

❶ (1)8 時　(2)2 時 20 分
　(3)6 時 35 分
❷ (1)60　(2)24　(3)12　(4)3　(5)5
❸ (1)6 時 10 分
　(2)8 時 10 分
　(3)4 時 20 分
❹ 午前 8 時 12 分
❺ 3 時間

指導の手引き

❶ 時計の長針が文字盤の数字のところを指しているときの時刻（5 分きざみの時刻）にまず慣れるようにしてください。

❷ (1)1 時間は 60 分です。
(2)1 日は 24 時間です。
(3)午前 8 時から午後 8 時までは 12 時間（半日）あります。
(4)どちらも午前の時刻なので、9－6＝3（時間）です。
(5)午後 3 時を「15 時」と考えればよいのですが、24 時間制についてはまだ習っていません。このような場合は、正午でいったん区切ることになります。
午前 10 時から正午までは 12－10＝2（時間）、正午から午後 3 時までは 3 時間なので、2 時間と 3 時間をたして 5 時間と求めます。

❸ (1)4 時 10 分の 2 時間後です。
(2)8 時 25 分の 15 分前です。
(3)3 時 50 分の 30 分後です。3 時 50 分の 10 分後がちょうど 4 時ですから、30 分後は 4 時の 20 分後の 4 時 20 分になります。

❺ 午後 1 時から午後 4 時までの時間を答えます。

上級 レベル **34**	時こくと 時間 (1)

☑解答

■1 (1)12時18分 (2)11時42分
　　(3)9時23分

■2 (1)2 (2)90 (3)1時間45分
　　(4)2 (5)7

■3 (1)　　　(2)　　　(3)

■4 午前7時35分

■5 12分

■6 午後5時

<u>指導の手引き</u>

■1 (1)12時15分から3分進んだところを指していま
す。
(2)11時40分から2分進んだところを指しています。
(3)9時20分から3分進んだところを指しています。

■2 (4)(5)正午をまたぐ時間の計算は複雑なので，次のよ
うな図をかいてあげるとよいでしょう。

```
　　（午前）　　正午　　（午後）
　7 8 9 10 11 | 1 2 3 4 5 6 7 8
```

■3 短針の位置はそれほど正確に示されていなくてもかま
いません。(2)なら10と11の間で10に近いところ，
(3)なら6と7の間で7に近いところを指していれば正
解にします。

■4 8時5分の5分前が8時ちょうどですからさらに
25分前と考えて，7時35分となります。

■5 48分に何分たすと60分になるかを考えます。

■6 午前10時の2時間後が正午ですから，7時間後は
正午の5時間後の午後5時になります。

標準 レベル **35**	時こくと 時間 (2)★

☑解答

■1 (1)　　　(2)　　　(3)

■2 (1)3時間30分 (2)11時間40分
　　(3)1時間14分 (4)4時間3分
　　(5)3時間20分

■3 午前10時40分

■4 午後1時10分

■5 (1)午後8時35分 (2)25分間

<u>指導の手引き</u>

■1 (1)9時 (2)5時40分 (3)1時10分を示す針をかき
ます。短い針の位置はそれほど正確でなくてもかまいま
せん。時間と時間のちょうどまん中(30分の位置)より
どちらに近いかをチェックしてあげてください。

■2 時間どうし，分どうしのたし算，ひき算をしますが，
分が60分以上になったときや，分のひき算ができない
ときは，60分を1時間にくり上げたり，1時間を60
分にくり下げたりする必要があります。
(5)は，2時間40分＋40分＝2時間80分 ですが，
80分は1時間20分なので，2時間80分＝3時間
20分 となります。

■3 午前9時の1時間40分後の時刻を求めます。
時計の文字盤を使って，9時から1時間後で10時，
さらに40分後で10時40分と確認しましょう。
慣れると時刻を求める問題でも②の時間の計算問題と同
じ手順で計算できることが理解できるでしょう。

■4 午前10時40分の2時間後は午後0時40分，
さらに30分後で午後1時10分となります。

■5 (2)テレビを見終わったのが8時35分ですから，勉
強をしたのはそれから9時までの25分間です。

上級 レベル **36**	時こくと 時間 (2)★

☑解答

■1 (1)4時間20分 (2)8時間25分
　　(3)1時間28分 (4)2時間40分

■2 (1)3時間48分
　　(2)3時間46分

■3 (1)午前6時50分
　　(2)午前8時5分
　　(3)22分

■4 午前10時55分

■5 10時間28分

<u>指導の手引き</u>

■1 くり上がりやくり下がりがある時間の計算です。次の
ような筆算（3年生以降で習う）で計算すると仕組みがわ
かりやすいでしょう。

```
(1)　 1時間45分　　(2)　 4時間58分
　　＋2時間35分　　　　＋3時間27分
　　　3時間80分　　　　　7時間85分
　　　4　　 20　　　　　　8　　 25

(3)　 2　　 70　　　 (4)　 4　　 71
　　　3時間10分　　　　　5時間11分
　　－1時間42分　　　　－2時間31分
　　　1時間28分　　　　　2時間40分
```

■2 (1)7時30分から11時18分までです。
(2)8時24分から12時10分までです。

■3 (2)1時間後で7時50分，さらに15分後で
8時5分となります。
(3)27分－5分＝22分

■4 8時35分に，40分(授業)，10分(休み)，40分(授
業)，10分(休み)，40分(授業)を順にたして求めます。

■5 正午をまたぐ時間の計算です。まず，午前7時12
分から12時までの時間(＝4時間48分)を計算し，そ
れに5時間40分をたして求めます。

132

標準レベル 37 かけ算 (1)

☑解答

❶ (1) 3　(2) 2　(3) 3　(4) 2　(5) 4

❷ (1) 3　(2) 7　(3) 3　(4) 3　(5) 7

❸ (1)(左から) 12, 20
　(2)(左から) 15, 20
　(3)(左から) 18, 45

❹ (1) 8×2　(2)かけられる　(3)かける

❺ (1)(しき) 8×3=24　(答え) 24 こ
　(2)(しき) 4×4=16　(答え) 16 人

指導の手引き

❶ 「倍」といえば，日常の用語では「2 倍」のことを表す場合が多いのですが，算数では 3 倍や 4 倍のように数字をつけて表します。高学年になると，小数倍や分数倍なども登場します。

❷ かけ算を使うと，同じものを何個かたす計算を 1 回で済ませることができます。7+7 は 7 を 2 個たすので 7×2，7+7+7 は 7 を 3 個たすので 7×3，80+80+80+80 は 80 を 4 個たすので 80×4 のように，かけ算を覚えると計算が便利になります。
(4)(5)かける数が 1 増えると答えはかけられる数だけ大きくなります。

❸ (1)は 4 ずつ，(2)は 5 ずつ，(3)は 9 ずつ増やしていきます。それぞれの段の九九の一部です。

❹ 「かける数」「かけられる数」という言葉の意味を覚えましょう。

❺ かけ算の式に単位をつけさせる学校もあるようです。単位をつけるほうが意味がわかりやすいからです。単位はなくても正解とします。どちらがかけられる数でどちらがかける数にあたるのかを考え，順序をまちがえないように気をつけましょう。

上級レベル 38 かけ算 (1)

☑解答

❶ (1) 4　(2) 3　(3) 2　(4) 4　(5) 6

❷ (1) 6　(2) 2　(3) 3　(4) 4　(5) 6　(6) 3

❸ (1)(左から) 24, 40
　(2)(左から) 18, 24
　(3)(左から) 14, 28

❹ (1)(しき) 6×3=18　(答え) 18 こ
　(2)(しき) 4×5=20　(答え) 20 まい
　(3)(しき) 4×7=28　(答え) 28 こ
　　　　　　（または 7×4=28）

指導の手引き

❶ 数えにくい形をしているので，よく見て数えて答えるようにしましょう。(3)では，◢◣の形を 2 個つなぎあわせても ◢◣ にはなりませんが，大きさを考えて 2 倍になるということを教えてあげてください。

❷ 「〜倍」というのは 2 つのものの大きさなどを比べる表現ですから，たとえば「8 は何倍ですか？」という問いかけには答えることができません。必ず，「8 は 4 の何倍ですか？」というように，「何の」の部分が必要です。今のところ，「〜倍」といえば整数倍に限られているのですが，高学年になると小数倍や分数倍も出てきますので，「何が」「何の」のところをしっかりと意識しておくことが大切です。

❸ (1)は 8 ずつ，(2)は 6 ずつ，(3)は 7 ずつ増やしていきます。それぞれの段の九九の一部です。

❹ (2)画用紙が何枚あるかを問われています。「4 まい」が 5 人分なので，かけられる数は 4，かける数が 5 で，式は 4×5=20 です。
(3) 4×7 と 7×4 は同じ答えになるということに気づかせましょう。

標準レベル 39 かけ算 (2)

☑解答

❶ (1) 6　(2) 12　(3) 20　(4) 15
　(5) 15　(6) 8　(7) 10　(8) 16
　(9) 25　(10) 9

❷ (1) 21　(2) 24　(3) 45　(4) 16
　(5) 18　(6) 35　(7) 30　(8) 28
　(9) 24　(10) 36

❸ (1) 8　(2) 7　(3) 3　(4) 8
　(5) 4　(6) 6　(7) 5　(8) 4

❹ (1)(しき) 4×7=28　(答え) 28 こ
　(2)(しき) 5×8=40　(答え) 40 きゃく
　(3)(しき) 3×6=18　(答え) 18 本

指導の手引き

❶❷ 2, 3, 4, 5 の段の九九です。九九は 2 年生の算数の中で最も大切な内容です。あとの段も含め，しっかりと覚えておきましょう。

❸ 九九の穴あき問題です。九九をしっかり覚えていれば簡単にできます。3 年生で学習するわり算にもつながる内容です。（この本では 2 年生の後半で扱います。）
次のようなプリントを保護者の方が作ってあげて，毎日練習させましょう。

×	6	3	9	2	5	8	4	7
5								
9								
6								
3								
2								
8								
4								
7								

2 〜 9 までの数字の順番をいろいろ変えて練習させましょう。

上級 レベル 40　かけ算 (2)

☑解答

1 (1)35　(2)24　(3)12　(4)45
　(5)12　(6)18　(7)30　(8)28
　(9)12　(10)21

2 (1)4　(2)7　(3)3　(4)6

3 (1)(しき) 5×9=45　(答え) 45人
　(2)(しき) 3×7=21　(答え) 21 ページ
　(3)(しき) 4×6=24　(答え) 24 m

4 (1)(しき) 3×9=27　(答え) 27 本
　(2)(しき) 27+25=52　(答え) 52 本
　　　　(または 25+27=52)

指導の手引き

1 2，3，4，5 の段の九九です。応用レベルの内容ではありません。

2 (1)4 の段の九九の答えは「4，8，12，16，20，24，28，32，36」となり，かける数が 1 増えるごとに 4 ずつ増えていきます。大人にとっては当たり前のことですが，はじめて九九を習う 2 年生にとっては少し不思議なしくみです。
(3)かけ算では，かける数とかけられる数を入れかえても答えは変わりません。
(4)3×8=24 と 4×6=24 のように，九九の中には同じ答えになるものが何通りかあります。おはじきやコインを使って，並べ方を考えさせるとよいでしょう。12 個，18 個，24 個，36 個などが例として適当です。

4 (1)と(2)をまとめて 1 つの式にすると，3×9+25=52 となりますが，2 年生のうちは，無理をして式を 1 つにする必要はありません。

41　最上級レベル ⑤

☑解答

1 (1)2 時 40 分　(2)8 時 28 分
　(3)11 時 11 分

2 ア…1 m 70 cm
　イ…2 m 50 cm
　ウ…4 m 20 cm

3 (1)30　(2)27　(3)28　(4)25
　(5)18　(6)14

4 (1)40 分　(2)2 時間 50 分

5 (1)30 まい　(2)16 cm　(3)午後 4 時

指導の手引き

1 (2)や(3)では長針の指す細かい時刻まで正確に読み取りましょう。

2 1 目盛りは 10 cm です。

4 (1)3 時 50 分から 4 時 30 分までの時間を求めるのですが，求め方は 2 通りあります。
1 つは，3 時 50 分から 4 時までで 10 分，そこから 4 時 30 分まで 30 分だから，10+30=40（分）とする方法です。
もう 1 つは，次のように筆算する方法です。30 分から 50 分はひけないので，1 時間をくり下げて 90 分にします。

$$\begin{array}{r} 3 \quad 90 \\ 4\ 時\ \cancel{30}\ 分 \\ -\ 3\ 時\ 50\ 分 \\ \hline 40\ 分 \end{array}$$

(2)同じように，筆算すると，右のようになります。

$$\begin{array}{r} 8 \quad 60 \\ \cancel{9}\ 時\ \cancel{0}\ 分 \\ -\ 6\ 時\ 10\ 分 \\ \hline 2\ 時間\ 50\ 分 \end{array}$$

5 (1)8×4=32（枚），32-2=30（枚）
(2)42+42=84（cm），100-84=16（cm）
(3)2 時間後が正午だから，あと 4 時間で午後 4 時です。

42　最上級レベル ⑥

☑解答

1 (1)3 時間 40 分　(2)3 時間 14 分

2 (1)2 時間 25 分　(2)6 m 20 cm
　(3)1 時間 45 分　(4)2 m 75 cm
　(5)16 時間

3 2 cm 3 mm

4 午後 1 時 45 分

5 11 時間 39 分

指導の手引き

1 (1)7 時 20 分から 11 時までです。
(2)午前 10 時 36 分から午後 1 時 50 分までです。1 時間後が午前 11 時 36 分，2 時間後が午後 0 時 36 分，3 時間後が午後 1 時 36 分で，そこから 14 分後が午後 1 時 50 分だから，3 時間 14 分となります。また，正午までの時間と正午からの時間に分けて求めることもできます。
1 時間 24 分＋1 時間 50 分＝3 時間 14 分

2 (1)1 時間 40 分＋45 分＝1 時間 85 分
＝2 時間 25 分
(2)1 m 70 cm＝170 cm，4 m 50 cm＝450 cm なので，170 cm＋450 cm＝620 cm＝6 m 20 cm
または，
1 m 70 cm＋4 m 50 cm＝5 m 120 cm＝6 m 20 cm
(5)1 日は 24 時間なので，24-8=16（時間）

3 12 cm 8 mm＋14 cm 5 mm＝27 cm 3 mm
のりしろは 27 cm 3 mm-25 cm=2 cm 3 mm

4 3 時の 1 時間 10 分前は 1 時 50 分ですから，1 時 50 分に出発すれば 3 時に着きます。5 分前に着くためには 1 時 45 分に出発すればよいことになります。

5 午前 5 時 57 分から正午までが 6 時間 3 分，これに 5 時間 36 分をたして 11 時間 39 分です。

標準 レベル 43　かけ算 (3)

☑解答

❶ (1) 18　(2) 36　(3) 35　(4) 24
　(5) 30　(6) 32　(7) 14　(8) 45
　(9) 16　(10) 27

❷ (1) 48　(2) 63　(3) 56　(4) 42
　(5) 48　(6) 72　(7) 36　(8) 49
　(9) 64　(10) 81

❸ (1) 6　(2) 6　(3) 8　(4) 5　(5) 2
　(6) 4　(7) 9　(8) 6

❹ (1)(しき) 6×4=24
　　　(答え) 24 こ
　(2)(しき) 7×8=56
　　　(答え) 56 人
　(3)(しき) 8×8=64
　　　(答え) 64 本

指導の手引き

❶ 6, 7, 8, 9 の段の九九で, かける数が 2, 3, 4, 5 のものです。かける数とかけられる数を反対にすると 2, 3, 4, 5 の段の九九と同じことですから, 答えは今までに出てきたものになります。たとえば, 8×4 は 4×8 と同じですから, 8×4 の九九を忘れてしまっても, 4×8 の九九を覚えていれば答えを出すことができます。

❷ 6, 7, 8, 9 の段の九九で, かける数も 6, 7, 8, 9 のものです。答えも大きくなり, また, かける数とかけられる数を反対にしても難しいので, なかなか覚えきれないところです。39 ページの指導の手引きで説明したプリントを作って練習させたり, 文章題や穴あき問題などを通じて, 粘り強く練習することが大切です。

上級 レベル 44　かけ算 (3)

☑解答

❶ (1) 54　(2) 21　(3) 72　(4) 18
　(5) 45　(6) 30　(7) 28　(8) 24
　(9) 54　(10) 42

❷ (1) 9　(2) 6　(3) 9　(4) 3

❸ (1)(しき) 6×5=30
　　　(答え) 30 人
　(2)(しき) 8×8=64
　　　(答え) 64 ページ
　(3)(しき) 9×4=36
　　　(答え) 36 cm

❹ (1)(しき) 8×7=56
　　　(答え) 56 本
　(2)(しき) 56+24=80
　　　（または 24+56=80)
　　　(答え) 80 本

指導の手引き

❶ 九九の中で, まちがえやすいものを集めました。81 個もあると, なかなか覚えられないものがいくつか出てきます。また, どれが覚えにくいかは人それぞれです。本書のようなドリルでたくさん練習することによって, 自然に解消していくのが望ましい勉強法です。

❷ 9 が 1 つで 9×1=9, 9 が 2 つで 9×2=18, 9 が 3 つで 9×3=27, ……というように, 9 の段の九九では, かける数(=9 の個数)が 1 増えると答えは 9 増えます。ですから, 9×7 の答えを忘れても, 9×6=54 を覚えていれば, 9×7 は 54 より 9 大きいから 63 のように求めることができます。また, 9×7 は 7×9 と同じ答えですから, 7×9=63 を覚えていれば 9×7=63 と答えることができます。しくみをいろいろと考えると, 記憶の手助けになります。

標準 レベル 45　かけ算 (4)

☑解答

❶ (1) 40　(2) 24　(3) 7　(4) 42
　(5) 27　(6) 16　(7) 36　(8) 5
　(9) 64　(10) 14

❷ (1) 6　(2) 5　(3) 3　(4) 7　(5) 8
　(6) 9　(7) 5　(8) 3　(9) 6　(10) 9

❸ (1) 2×9, 9×2, 3×6, 6×3
　(2) 3×8, 8×3, 4×6, 6×4
　(3) 4×9, 9×4, 6×6
　(じゅんばんがちがっていてもかまいません。)

❹ (1)(しき) 8×5=40　(答え) 40 ページ
　(2)(しき) 8×6=48　(答え) 48 人
　(3)(しき) 7×4=28　(答え) 28 日

指導の手引き

❷ 九九の穴あき問題です。九九をしっかりと覚えているかを確認すると同時に, あとで学習する「わり算」の導入にもなっています。ここには 10 題しかありませんが, 保護者の方が紙に問題を書いてあげて, たくさん練習させるのがよいでしょう。

❸ 答えが 6, 8, 12, 18, 24 になる九九は 4 つずつあります。答えが 4, 9, 16, 36 になる九九は 3 つずつあり, これらは 3×3=9 のように同じ数を 2 回かけた数になっています。

❹ 式に単位をつけて書くと,
(1) 8 ページ×5 日 =40 ページ,
(2) 8 人×6 脚 =48 人, (3) 7 日×4 週間 =28 日
のように, かけられる数と答えが同じ単位になっています。(1) は 5×8=40 という式でも答えは同じですが, かけ算はかけられる数の何倍かという計算ですから, かけられる数と答えが同じ単位になるように式を作ります。

☑解答

① (1) 48　(2) 25　(3) 45　(4) 49
　(5) 9　(6) 18　(7) 12　(8) 4
　(9) 28　(10) 72

② (右上からとけい回りに)
　(1) 28, 35, 49, 7, 63
　(2) 64, 32, 8, 72, 48

③ (1) 2×6, 6×2, 3×4, 4×3
　(2) 1×8, 8×1, 2×4, 4×2
　(3) 2×8, 8×2, 4×4
　(じゅんばんがちがっていてもかまいません。)

④ (1) 28本　(2) 50こ　(3) 2円

指導の手引き

② 答え方がわかりにくいときは, 保護者の方が教えてあげてください。

③ 45ページの③と合わせて覚えておきましょう。

④ (1) 男の子に配る鉛筆が 4×4=16(本), 女の子に配る鉛筆が 4×3=12(本) だから, 合わせて 16+12=28(本) とするか, 子どもが合わせて 4+3=7(人) いて, 鉛筆を4本ずつ配るのだから, 4×7=28(本) とするかのどちらかです。どちらの方法が優れているというわけではなく, どちらの方法でも求められるということが大切です。お子さまが前者の方法で解いていれば後者の方法を, 後者の方法で解いていれば前者の方法を「こうやってもできるね」と説明してあげるのがよいでしょう。
(2) 6×3=18(個) と, 4×8=32(個) を合わせて, 18+32=50(個) です。
(3) あめが6個で 8×6=48(円) だから, おつりは 50−48=2(円) です。

☑解答

① (1) 24本　(2) 56時間　(3) 45 cm
　(4) 38人
　(5) 男の子が　1人　多い

② (1) 45まい　(2) 44 cm　(3) 57人

③ (1) 36こ　(2) 38こ

指導の手引き

① (1) カメの足は4本あります。この問題のように, 問題文には書かれていない数字を使って計算しなければならない問題もあります。(1週間=7日, 1日=24時間, 鳥の足=2本, 1ダース=12個(本)など)
(4) 6人の班が3つで 6×3=18(人)
5人の班が4つで 5×4=20(人)
合わせて 18+20=38(人) です。
(5) 男の子は 7×7=49(人)
女の子は 8×6=48(人) だから,
男の子のほうが1人多いです。

② (1) 分けた折り紙は 6×7=42(枚) で, まだ3枚残っているので, 折り紙は 42+3=45(枚) あったことになります。
(2) 8 cmのリボン7本で 8×7=56(cm) だから, 残りのテープは 1m−56 cm=44 cm です。
(3) 座っている子どもは 6×9=54(人) だから, 座れなかった3人を合わせて 54+3=57(人) います。

③ (1) 2つに分けて計算しましょう。

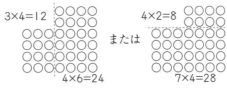

3×4=12　4×6=24　または　4×2=8　7×4=28

(2) 6×6=36, 36+2=38(個) です。

☑解答

① (1) 65点　(2) 2日　(3) 70円
　(4) 12こ　(5) 437円

② (1) 17 cm　(2) 60 cm　(3) 8本

③ (1) 50こ　(2) 28こ

指導の手引き

① (1) 5×7=35, 100−35=65(点)
(2) 7×6=42, 42−40=2(日)
(3) 3×7=21, 7×7=49
21+49=70(円)
折り紙と画用紙のセット(3+7=10)を7セット買ったと考えて, 10×7=70(円)
(ただし, 10×7の計算は未習ですから, 無理に教える必要はありません。)
(4) 6×9=54, 6×7=42
54−42=12(個)
または, なつみさんはようこさんより 9−7=2(袋) 多く買ったので, 6×2=12(個)
(5) 9×7=63, 500−63=437(円)

② (1) 7×5=35, 8×6=48
35+48=83, 100−83=17(cm)
(2) たての4 cmの線が7本で 4×7=28(cm)
横の8 cmの線が4本で 8×4=32(cm)
合わせて 28+32=60(cm) です。
(3) 8×9=72, 80−72=8(本)

③ (1) 8×7=56, 56−6=50(個)
(2) 図のように考えると, 7×4=28(個)

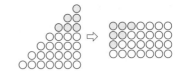

標準レベル49 かけ算 (6)

☑解答

❶ ア…25　イ…42　ウ…21　エ…48
　オ…64

❷ (1)(じゅんに) 2, 48
　(2)(じゅんに) 3, 39
　(3)(じゅんに) 6, 64

❸ 54, 56, 63, 64

❹ 11, 13, 17, 19

❺ (1) 4 かしょ　(2) 32　(3) 21

指導の手引き

❶ ア…5×5=25　イ…6×7=42　ウ…7×3=21
エ…8×6=48　オ…8×8=64 です。

❷ 2桁×1桁 のかけ算は 3 年生で学習しますが, 一部,
2 年生の教科書でも扱われています。
たとえば, 12×4 は, 12 を 10 と 2 に分けて,
10×4=40 と 2×4=8 を合わせて 48 のように計算
します。(3)は十の位へのくり上がりがあるので少し難し
いのですが, 10×4=40 と 6×4=24 を合わせて
64 になります。

❺ (1) 3×8, 8×3, 4×6, 6×4 の 4 か所です。
(2) 16 になるのは, 2×8, 8×2, 4×4 のいずれかです。
24 の上が 2×8=16 であれば, 24 は 3 の段, 24
の上が 8×2=16 であれば, 24 は 9 の段, 24 の上
が 4×4=16 であれば, 24 は 5 の段ですが, 9 の段
や 5 の段に 24 はありませんから, 24 の上は
2×8=16 で, 24 は 3 の段で, 3×8=24 となり,
24 の下は 4 の段で, 4×8=32 になります。
(3) 25 になるのは 5×5=25 だけなので, 25 は 5 の
段, 24 は 6 の段(6×4=24) です。24 の左下は
7×3=21 になります。

上級レベル50 かけ算 (6)

☑解答

❶ ア…20　イ…35　ウ…18　エ…42
　オ…56

❷ (1) 24 こ　(2) 38 本

❸ 200

❹ (1) 56　(2) 70　(3) 21

❺ 7×8=56 または 8×7=56

指導の手引き

❶ 表の数のうち 16 が 2×8 や 8×2 だとすると, 表
が九九の範囲を超えてしまいます。したがって, 16 は
4×4 だとわかり, これをもとに求めます。

❷ (1)ねん土玉は横に 4 個ずつ 6 列に並んでいるので,
4×6=24(個) です。
(2)たての竹ひごが 5×4=20(本), 横の竹ひごが
3×6=18(本) あるので, 20+18=38(本) です。

❸ 25 になる九九は 5×5 だけで
すから, 右のようになります。
横に 1 列ずつたすと計算がしや
すくなります。

16	20	24	→60
20		30	→50
24	30	36	→90

❹ 数が 7 ずつ大きくなっているので, 九九の 7 の段の
数の並びと同じです。
(1) 8 番目なので 7×8=56
(2) 9 番目の 63 (7×9=63) より 7 大きいので,
63+7=70
(3)数の順番が 1 つ進むと 7 大きくなります。12 番目
から 15 番目までに順番は 3 つ進むので, 7×3=21
大きくなります。12 番目, 15 番目の数がわからなく
ても, 数の大きさの違いはわかることに気づくことが大
切です。

❺ 5, 6, 7, 8 の 4 つの数字から 2 つ選んで並べてで
きる数のうち, 九九にある数は 56 だけです。

標準レベル51 10000 までの　数 (1)

☑解答

❶ (1) 4126
　(2) 8050
　(3) 7777

❷ (1)(じゅんに) 4, 100
　(2)(じゅんに) 1000, 6
　(3) 3700

❸ (1) 2419　(2) 5008　(3) 8070

❹ (1)(左から) 6000, 7000
　(2)(左から) 3200, 3600
　(3)(左から) 7050, 7000

❺ (1) 4321
　(2) 2134

指導の手引き

❶ 2 年生のお子さまにとっては, 1000 を超える数は
日常生活とはかけ離れた, 抽象的なものに感じられます。
千円札と硬貨など具体的なものを使って, ゆっくり教え
てあげるようにしてください。

❷ (3) 100 が 10 個で 1000, 20 個で 2000, 30 個
で 3000 だから, 37 個集めると 3700 です。

❹ (1) 1000 ずつ大きくなっています。
(2) 400 ずつ大きくなっています。十の位と一の位の 0
をとって, 24-28-□-□-40 と同じしくみです。
(3) 50 ずつ小さくなっています。一の位の 0 をとって,
715-710-□-□-695 と同じしくみです。

❺ (1)千の位をいちばん大きい 4 に, 百の位を次に大き
い 3 に, 十の位を次に大きい 2 に, 一の位を残った 1
にします。
(2)千の位を 2 にして, あとは, 百の位, 十の位, 一の
位の順に小さい数を並べます。

✓解答

1　(1) 3560
　(2) 4000
　(3) 7360

2　(1) ア…3600　イ…4800
　(2) ア…980　イ…1140

3　(1) 4900 → 4099 → 4090 → 4009
　(2) 2906 → 2693 → 2639 → 2369
　(3) 2222 → 1111 → 444 → 333

4　(1) 9850 円
　(2) 7290 円

指導の手引き

1　(1)　1000 が 2 個 → 2000 ⎫
　　　　100 が 15 個 → 1500 ⎬ 3560
　　　　10 が 6 個 → 　60 ⎭
　(3)　1000 が 7 個 → 7000 ⎫
　　　　10 が 36 個 → 　360 ⎬ 7360
　　　　　　　　　　　　　　 ⎭

2　(1) 3000 と 4000 の間が 10 目盛あるので，1 目
盛りは 100 を表します。
　(2) 1000 と 1100 の間が 10 目盛あるので，1 目盛
りは 10 を表します。

3　千の位から数字を比べていって，数字の大きいものか
ら順に並べます。千の位の数字が同じものは，百の位の
数字，次に十の位の数字，次に一の位の数字を比べます。

4　(1)　1000 円札が 8 枚 → 8000 円 ⎫
　　　　100 円玉が 16 枚 → 1600 円 ⎬ 9850 円
　　　　10 円玉が 25 枚 → 　250 円 ⎭
　(2) 残っているお金は，1000 円札が 6 枚，100 円玉が
11 枚，10 円玉が 19 枚です。

✓解答

1　(1) 10000　(2) 9999
　(3) 9100　(4) 4000

2　(1) 6000　(2) 2400
　(3) 4200　(4) 2040
　(5) 6400　(6) 2800

3　(1) <　(2) >　(3) <
　(4) <　(5) <

4　(1) 4321　(2) 1023
　(3) 1032　(4) 3102

指導の手引き

1　(2) 9 の次が 10，99 の次が 100，999 の次が
1000 であるように，9999 の次が 10000 です。

2　2 と 4 と 0 しか数字が出ていません。桁を合わせて
計算するだけです。暗算でできるようになれば素晴らし
いです。次のような問題を紙に書いてあげて，たくさん
練習させてください。

3000+5000=☐	3000+500=☐
300+5000=☐	3000+50=☐
3500+5000=☐	3500+500=☐

3　(3)〜(5)漢数字を算用数字に書き直して比べます。

4　(1)千の位から大きい順に並べます。
　(2)千の位には 0 が使えないので 1 にし，百の位を 0 に
します。
　(3)小さい順に並べると，1023，1024，1032 となり，
3 番目は 1032 です。
　(4)3，1，0 と並べて，残ったカードの中でいちばん小
さい 2 を一の位の数にします。

✓解答

1　(1) 50　(2) ア…4950　イ…5850
　(3) 5400

2　(1) 2000　(2) 300
　(3) 5000　(4) 4700

3　(1) 9857　(2) 5407　(3) 7985

4　(1) 7000 円　(2) 3000 円

指導の手引き

1　(1) 5000 と 5500 の間 (=500) が 10 目盛りに分
けてあるので，1 目盛りは 50 です。
　(3)アからイまでは 18 目盛りあるので，アから 9 目盛
りのところがアとイのまん中です。

2　これも桁を合わせて計算するだけですから，暗算でで
きるようにしたいものです。次のような問題を紙に書い
てあげて，たくさん練習させてください。

6000-2000=☐	6200-6000=☐
6200-200=☐	2000-600=☐
2600-200=☐	6000-200=☐

3　(1)大きい順に並べると，9875，9874，9870，
9857 となり，4 番目は 9857 です。
　(2)千の位には 0 が使えず，この場合，4 も使えないの
で，5 にします。百の位は 4，十の位と一の位には小さ
い順に 0，7 と並べます。
　(3)7985 と 8045 のうち，8000 に近いのは 7985
です。

4　(1)2000+2000+3000=7000 (円)
　(2)10000-7000=3000 (円)

55 最上級レベル ⑦

☑解答

- ❶ (1) 40 (2) 24 (3) 9 (4) 16
  (5) 42 (6) 24 (7) 35 (8) 3
  (9) 48 (10) 35
- ❷ (1) 5 (2) 5 (3) 7 (4) 6 (5) 9
  (6) 7 (7) 7 (8) 6 (9) 3 (10) 4
- ❸ (1) 30 cm (2) 58 cm
- ❹ (1) 2046 (2) 8624 (3) 6482

指導の手引き

❷ あとで学習する「わり算」につながる内容です。九九をしっかり覚えていれば簡単です。この問題は九九をしっかり覚えているかどうかの確認にもなりますので，次のような問題を紙に書いてあげて，たくさん練習させてください。

3×□=24	□×7=42
8×□=40	□×5=45
9×□=63	□×8=72
4×□=24	□×6=54
2×□=16	□×7=21

❸ (1) 9×4＝36, 2×3＝6
36−6＝30(cm)
(2)のりしろはテープの本数より1少ないことに注意します。テープが8本ならのりしろは7か所です。テープ8本分の長さは 9×8＝72(cm)
のりしろ全部の長さは 2×7＝14(cm)
つないだときの長さは 72−14＝58(cm)

❹ (1)千の位には0が使えないので2にし，残りのカードを数の小さい順に百の位，十の位，一の位に並べます。
(2)大きい順に，8642，8640，8624 です。
(3) 6400 台で，できるだけ大きい数を作ります。

56 最上級レベル ⑧

☑解答

- ❶ (1) 6 (2) 6 (3) 5
- ❷ (1) 3×4＝12 （または 4×3＝12）
  (2) 6×9＝54 （または 9×6＝54）
- ❸ 31 本
- ❹ 14 cm
- ❺ 128
- ❻ 55

指導の手引き

❶ (3)九九の答えの，一の位の数だけを並べるとそれぞれ特徴があり，中学入試でも問われることがあります。
・2の段…2，4，6，8，0のくり返しです。
・3の段…1〜9までの数字が1回ずつ出てきます。
・4の段…4，8，2，6，0のくり返しです。
・5の段…5と0のくり返しです。
・6の段…6，2，8，4，0のくり返しです。
・7の段…3の段と逆の順番です。
・8の段…8，6，4，2，0のくり返しです。
・9の段…9から順に1ずつ減っていきます。

❷ まず4つの数字から2つ選んでできる数で，九九にある数を考えます。

❸ たての竹ひごが 3×5＝15，横の竹ひごが 4×4＝16，合わせて 15＋16＝31(本)

❹ 切りとったリボンの長さは 8×4＝32，6×9＝54，合わせて 32＋54＝86(cm)，1m−86 cm＝14 cm

❺ 答えが16になる九九は 2×8，4×4，8×2 の3つありますが，問題のようにまわりの8個の数をたすとどれも128になります。

❻ 6ずつ増えていることから6の段の九九と比べると，6の段の九九に1ずつたした数が並んでいることがわかります。9番目の数は，6×9＋1＝55 です。

標準レベル 57 三角形と 四角形 (1)

☑解答

- ❶ (1)直線 (2)ちょう点 (3)へん
- ❷ 三角形…アとオ 四角形…エとカ
  （じゅんばんがちがっていてもかまいません。）
- ❸ ア…長方形 イ…正方形 ウ…直角三角形
- ❹ （れい）
  (1) 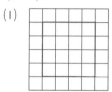 (2)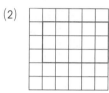
- ❺ （れい）
  (1) 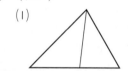 (2)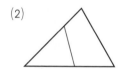

指導の手引き

❶ 「頂点」「辺」はまだ習っていない漢字を使うのでひらがなで書いてありますが，算数の用語は，習っていなくても漢字で覚えておくとよいでしょう。

❷ 曲がった線(曲線)のあるものは，三角形でも四角形でもありません。

❸ 小学生のうちは，正方形は長方形の特別な形というとらえ方はせず，正方形と長方形は別のものとして扱います。あとの学年で出てくる直方体と立方体についても同じです。

❹ 図形をかく場所や，向きは自由です。

❺ いろいろな分け方があります。
(1) 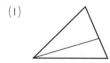 (2)

☑解答

 正方形…ク　長方形…イ　直角三角形…オ

 (1)6こ　(2)9こ

3 (1)6こ　(2)8こ

4 (1)8こ　(2)10こ　(3)12こ

5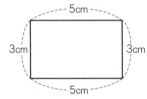

指導の手引き

1 カも直角三角形に見えますが、どの角も直角でないので直角三角形ではありません。わかりにくいようでしたら、三角定規の直角をあてさせるとよいでしょう。

2 2つ以上の長方形を合わせた長方形もあるということを説明してあげてください。

(れい)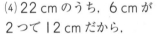

3 (2)以下のように、三角形は8個あります。

4 正方形のます目は三角形2個と数えます。
(1)三角形4個と正方形2個で、合わせて三角形8個分です。

5 辺が1本だけの頂点に着目して、向かい側の辺と同じ向き、同じ長さで辺をかきます。

☑解答

1 (1)28　(2)6　(3)16　(4)5　(5)60

2 (1)ウ
(2)ア
(3)エ

3 (1)4こ　(2)12こ

指導の手引き

1 (1)4つの辺の長さがすべて7cmだから、まわりの長さは 7×4=28(cm)です。
(2)1つの辺の長さが4つで24cmだから、1つの辺の長さは □×4=24 より、6cmです。
(3)3cmの辺と、5cmの辺が2つずつあることに注意しましょう。

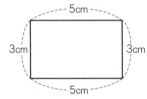

(4)22cmのうち、6cmが2つで12cmだから、□cmは2つで 22-12=10(cm) です。これより、□は5cmとわかります。
(5)12+12+18+18=60(cm)

2 折り目について対称な図形をかいてみるとわかりやすくなります。
たとえば、オは右の図のようになります。

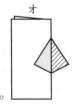

(1)(2)アは正方形に見えますが、広げると長方形になります。正方形になるのはウです。

3 (1)以下のように、4個あります。

(2)(1)の4個に加えて、小さい直角三角形が8個あります。

☑解答

1 (1)6こ　(2)4こ

2 (1)①と⑥　(2)②と④　(3)⑤と⑧
(じゅんばんがちがっていてもかまいません。)

3 (1)21こ　(2)11こ

4 (1) 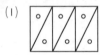　(2)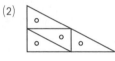

指導の手引き

1 次のように分割します。
(1) 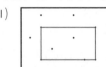　(2)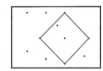

2 (1)①を裏返しにします。　(2)④を裏返しにします。

(3)

3 (2)普通に数えてもよいのですが、正方形のまん中の点が何か所あるかを数えると簡単です。

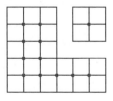

4 隣り合う2つの辺で直角をつくるように頂点をさがします。

標準レベル 61 はこの 形 (1)

☑解答

❶ (1)めん (2)へん (3)ちょう点
(4)(じゅんに) 6, 12, 8
❷ ア
❸ (1)3cm…4本 5cm…8本
(2)52cm
❹ (1)○ (2)× (3)○ (4)○ (5)×

指導の手引き

❶ 「面」「辺」「頂点」などの用語は，漢字で覚えるようにしてください。

❷ イ，ウの形を厚紙で作って，実際に組み立てて見せると，辺の重なり方や向かい合う面の関係がよくわかります。

❸ (2)3cmの辺が4本で 3×4=12(cm)，5cmの辺が8本で 5×8=40(cm)なので，辺の長さの合計は 12+40=52(cm)です。

❹ 立方体の展開図は次の11種類です。厚紙などを使って，展開図を作ってあげるとよいでしょう。

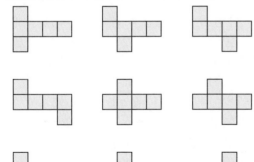
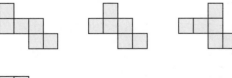

上級レベル 62 はこの 形 (1)

☑解答

❶ ア…9cm イ…6cm
❷ (1)①…⑤ ②…④ ③…⑥
(2)ウ，キ
❸ (1)18cm (2)20cm (3)22cm
❹ (1)12こ (2)8本 (3)96cm

指導の手引き

❶ アは★と同じ長さですから，12-3=9(cm)です。イは◎と同じ長さです。◎と★で15cmなので，◎は 15-9=6(cm)です。

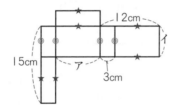

❷ 展開図を作って組み立ててみればしくみが早く理解できるでしょう。

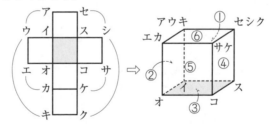

❸ かくれて見えないところにもテープが巻かれています。

❹ (3)3cmのひごが8本で 3×8=24(cm)
4cmのひごが6本で 4×6=24(cm)
8cmのひごが6本で 8×6=48(cm)
全部で 24+24+48=96(cm)です。

標準レベル 63 はこの 形 (2)

☑解答

❶ (1)○ (2)× (3)○
(4)○ (5)× (6)○
❷ (1)

		4	
1	2	6	5
	3		

(2)

4	1	
	2	3
		6	5

❸ (1)8こ (2)9こ (3)27こ
❹ (1)オ (2)エ (3)カ (4)④

指導の手引き

❶ 61ページの指導の手引きの図を参考にしてください。

❷ 右のような位置にある2つの面は，組み立てると向かい合う面になります。向かい合う面が隣り合うことはありません。向かい合う面が2組見つかれば，もう1組は自然に決まります。

❸ (1)下の段が4個，上の段が4個，全部で8個です。
(2)いちばん下の段が6個，2段目が2個，いちばん上の段が1個，全部で9個です。
(3)3×3=9(個)が3段で，9×3=27(個)です。

❹ (1)(2)(3)❷の図を参考にしてください。すると，イとエが向かい合い，ウとカが向かい合うことがわかります。すると，残りの1組はアとオです。
展開図で向かい合う面を見つけるのは，コツをつかめば簡単です。61ページの指導の手引きの図で，向かい合う面を3色にぬり分けてみましょう。
(4)62ページの❷の指導の手引きの図のように，重なるのがすぐにわかる頂点から順に結んでみるとよいでしょう。

上級レベル64 はこの 形 (2)

☑解答

1 (1)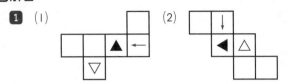

2 (1)黒　(2)白

3 (1)29　(2)44

4 (1)30こ　(2)56こ

指導の手引き

1 ▲の 3 つの辺のうち，立方体の辺に対して斜めになっている辺で，▲の右側に向かって矢印をつけるようにします。

2 (1)左のさいころを見ると，青の向かいは赤や黄でないことがわかります。
まん中のさいころを見ると，青の向かいは赤や緑でないことがわかります。
右のさいころを見ると，青の向かいは黄や白でないことがわかります。
ということは，青の向かいは残っている黒と決まります。
(2)(1)と同様に青，白，黄，緑，黒から赤と隣り合っている色を順に消して，候補を絞り込みます(消去法)。
論理的な考え方を身につけるのに好適な題材です。

3 (1)向かい合う面の目の数の和は 7 です。側面に向かい合う面が 4 組あり，上の面の目が 1 なので，まわりから見える目の合計は 7×4+1=29 です。
(2)同様に，7×6+2=44 です。

4 (2)赤い面は，上から見ると 16 個，前後左右から見ると 10 個ずつ見えるので，10×4+16=56(個) 見えます。

標準レベル65 水の かさ (1)

☑解答

1 (1)3 L　(2)1 L 8 dL
　　(3)2 L　(4)7 dL　(5)1 L 4 dL

2 (1)10　(2)120
　　(3)5　　(4)20
　　(5)4000　(6)2 L 5 dL　(7)308

3 (1)1 L　(2)70 L
　　(3)50 dL　(4)30 dL

4 (1)8 L　(2)6 dL
　　(3)5 L 6 dL　(4)2 L 9 dL
　　(5)12 L 6 dL　(6)9 L 4 dL　(7)7 dL

5 2 L 3 dL

指導の手引き

1 長さと同様に，かさ(体積)もたし算・ひき算が可能である感覚を身につけます。1 L=10 dL の関係は身の回りのもので実感をもつことが大切です。
(4)1 L=10 dL なので，目盛りの数がそのまま dL になります。

2 (2)1 L=10 dL から 10 L=100 dL と拡張してとらえます。
(6)2 L 5 dL という表記で 1 つの量を表していること，dL だけで表すことができることを確認しましょう。

3 間違えた問題は，全部 dL の単位に直して確かめましょう。

4 L と dL を別々にたし算・ひき算します。
(3)dL だけたし算し，5 L をつけ忘れないようにします。
(6)4 dL と 9 L は単位が異なるので数としてはたし算できず，4 dL と 9 L の 2 つのかさを合わせて 9 L 4 dL になると理解させます。

5 3 L 7 dL−1 L 4 dL=2 L 3 dL

上級レベル66 水の かさ (1)

☑解答

1 (1)70　(2)30　(3)3
　　(4)6　(5)1 L 5 dL　(6)1 L 6 dL

2 (1)6 L 3 dL　(2)4 L 3 dL
　　(3)5 L 6 dL　(4)4 L 5 dL
　　(5)11 L　(6)11 L 6 dL

3 2 L 4 dL

4 2 L 7 dL

5 13 dL

6 10 L 9 dL

指導の手引き

1 1 L=10 dL の関係を使ってくり上げ・くり下げを正しく行います。また，答えの「dL」の数は必ず 1～9 までの数を使って表します。
(3)1 L+3 dL の計算は合わせて 1 L 3 dL で答えになりますが，1 L+20 dL は 1 L 20 dL では答えになりません。20 dL=2 L なので，1 L+2 L=3 L となります。
(6)2 L−4 dL=1 L 10 dL−4 dL=1 L 6 dL

2 (1)3 L 8 dL+2 L 5 dL=5 L 13 dL=6 L 3 dL
(2)5 L 2 dL−9 dL=4 L 12 dL−9 dL=4 L 3 dL
(5)32 dL を 3 L 2 dL に直して計算します。
または，7 L 8 dL を 78 dL と直して
32+78=110 dL=11 L としても良いでしょう。
dL だけで表すことができることを確認しましょう。

3 8 dL+1 L 6 dL=1 L 14 dL=2 L 4 dL

4 3 L−3 dL=2 L 10 dL−3 dL=2 L 7 dL

5 4 L 1 dL−2 L 8 dL=3 L 11 dL−2 L 8 dL
　=1 L 3 dL=13 dL

6 33 dL=3 L 3 dL
7 L 6 dL+3 L 3 dL=10 L 9 dL

67 水の かさ (2)

標準レベル

☑解答

❶ (1)100 mL (2)40 mL (3)300 mL
❷ (1)200 (2)5
(3)4000 (4)7
(5)6100 (6)3750
(7)1 L 3 dL (8)5 L 490 mL
(9)1 L 2 dL
❸ (1)400 mL → 400 dL → 400 L
(2)50 dL → 5030 mL → 5 L 3 dL
❹ (1)L (2)mL (3)dL
❺ (1)85 mL (2)265 mL

指導の手引き

❶ 1 dL=100 mL, 1 L=1000 mL の関係を使って,自由に換算できるように練習しましょう。
(2)1 dL=100 mL なので, 10 個に区切った目盛り1つ分で 10 mL を表しています。
(3)1 L=1000 mL なので, 1目盛りは 100 mL です。
❷ (1)1 dL=100 mL なので, 数の右に 0 を 2 個つけることで dL から mL に直せるのですが, 機械的操作にならないように注意が必要です。
(5)6 L=6000 mL, 1 dL=100 mL なので, 合わせて 6100 mL です。
(9)600 mL=6 dL
6 dL+6 dL=12 dL=1 L 2 dL
❸ (1)数が同じなので, 少ない方の単位から並べます。
(2)全部 mL の単位に直して確かめましょう。
❹ 350 mL, 500 mL, 2 L のペットボトルを使って実際に水を入れるなどの作業を通じて量的な感覚をみがくように心がけましょう。
❺ (1)175-90=85(mL)
(2)175+90=265(mL)

68 水の かさ (2)

上級レベル

☑解答

❶ (1)27 L 1 dL (2)54 (3)7 L 800 mL
❷ (1)6 L (2)150 dL
❸ 24 L 2 dL
❹ (1)1 L 1 dL (2)2 L 5 dL
❺ (1)7 dL (2)2 dL

指導の手引き

❶ (1)96 dL=9 L 6 dL
9 L 6 dL+17 L 5 dL=26 L 11 dL=27 L 1 dL
(2)6000 mL=6 L, 60 L-6 L=54 L
(3)33 dL=3 L 300 mL, 4500 mL=4 L 500 mL
3 L 300 mL+4 L 500 mL=7 L 800 mL

❷ (1)mL で表すと,
360 mL, 3600 mL, 6000 mL
(2)dL で表すと, 25 dL, 150 dL, 40 dL

❸ 水をくみ出したあとの水そうに入っていた水は
50 L-32 L 4 dL=17 L 6 dL
はじめ 41 L 8 dL 入っていて, くみ出したあと 17 L 6 dL になったことから, くみ出した水は
41 L 8 dL-17 L 6 dL=24 L 2 dL

❹ (1)3 dL+8 dL=11 dL=1 L 1 dL
(2)3×3=9, 8×2=16,
9 dL+16 dL=25 dL=2 L 5 dL

❺ (1)2 L-13 dL=20 dL-13 dL=7 dL
(2)2 人の水とうに入るお茶は合わせて
13 dL+15 dL=28 dL=2 L 8 dL
3 L のお茶をいっぱいになるまで入れたときの残りは
3 L-2 L 8 dL=30 dL-28 dL=2 dL

69 最上級レベル 9

☑解答

❶ (1)(じゅんに) 30, 3000
(2)45
(3)10 L 1 dL
(4)1 L 360 mL
❷ (1)4 本
(2)8 本
(3)84 cm
❸ (1)○ (2)× (3)○
❹ 30 cm
❺ (1)9 L
(2)7 L

指導の手引き

❷ (1)(2)図では見えないところにも辺があります。はこの形には辺が全部で 12 本あるので, (1)と(2)の答えを合わせて 12 本になっていることを確かめましょう。

❸ さいころの形を開いた図(立方体の展開図)は, 61 ページの指導の手引きの図にある 11 種類です。

❹ 下の図のように, たて 7 cm, 横 8 cm の長方形と, まわりの長さが同じになります。

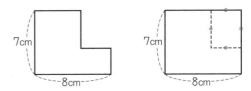

したがって, 7+7+8+8=30(cm) です。

❺ (1)3 分間で 3×3=9(L) 入ります。
(2)9 分間で入る水は 3×9=27(L) ですが, 20 L しか入らないので, 7 L あふれます。

☑解答

1 (1)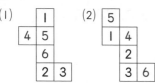

2 (1) 124 cm (2) 142 cm

3 (1) 7 こ (2) 12 こ

4 ア…16 cm イ…32 cm

5 (1) 14 こ (2) 23 こ

指導の手引き

1 さいころの形を組み立てたとき，どの面とどの面が向かい合うかについては，63 ページの指導の手引きを参考にしてください。

2 図では見えないところにもテープが巻かれていることに注意します。
(1) 80+30+14=124(cm)
(2) 40+60+42=142(cm)

3 (1)   (2)

三角形の向きを変えると他の並べ方もできます。

4 右の図で，ウの長さは
24−8−12=4(cm)
アは 4+12=16(cm)
イは 4+12+4+12
=32(cm)

（図）ウ ア 24cm 12cm 8cm
○は 12cm
●は 8cm
×はウと同じ長さ
イ

5 □と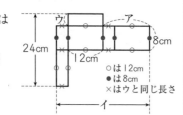
を数えます。
(1) 順に 9 個，4 個，1 個で合計 14 個です。
(2) 順に 14 個，7 個，2 個で合計 23 個です。

☑解答

1 (1) 46 (2) 46 (3) 6 (4) 22 (5) 22
(6) 6 (7) 17 (8) 35 (9) 23 (10) 35

2 (1) 27 (2) 39 (3) 32 (4) 62
(5)(じゅんに) 100, 159
(6)(じゅんに) 26, 85

3 (1) ウ (2) ア (3) イ

4 (1)(しき) 125−(28+32)=65
（答え） 65 ページ
(2)(しき) 19+(8+2)=29
（答え） 29 人

指導の手引き

1 （ ）の中を先に計算します。（ ）のない式はふつう左から順に計算します。
(3) 26−12−8=14−8=6
　　　　└─先に計算
(4) 26−(12−8)=26−4=22
　　　　　└─先に計算
(7) 7×2+3=14+3=17
　　　└─先に計算
(8) 7×(2+3)=7×5=35
　　　　└─先に計算

2 (5) たし算ばかり，かけ算ばかりの式は，どの順番でたしたりかけたりしてもかまいません。この場合は，63+37(=100) を先にするほうが簡単です。

3 わかりにくいときは，具体的に○を 10，△を 5，□を 2 などにして計算してみましょう。

4 (1) 昨日と今日で 28+32=60（ページ）読んだので，残りは 125−60=65（ページ）という意味です。
(2) あとからやってきたのは 8+2=10（人）だから，19+10=29（人）という意味です。

☑解答

1 (1) 24 (2) 35 (3) 86 (4) 48
(5) 15 (6) 17 (7) 43 (8) 63

2 (1) 53 (2) 74 (3) 15 (4) 3 (5) 4

3 (1)(しき) 65+(65+8)=138
（答え） 138 人
(2)(しき) 500−(108+216)=176
（答え） 176 円
(3)(しき) 125−(28+28+5)=64
（または 125−28−(28+5)=64）
（答え） 64 ページ

指導の手引き

1 (2)(3)(5)(8)の中で，（ ）がないものとして計算したときに問題の意味が変わって答えが変わるものはどれか，式を見て考えさせるとよいでしょう。
(6) 49−47 を先に計算すると，15+2 となります。

2 (1)□+(31−15)=69 → □+16=69
→ □=69−16 → □=53
(2)□−(14+29)=31 → □−43=31
→ □=31+43 → □=74
(3)71+□−2=84 → 71+□=84+2
→ 71+□=86 → □=86−71 → □=15
(4)(15−7)×□=24 → 8×□=24 → □=3
(5)□×(6+3)=36 → □×9=36 → □=4

3 (1) 2 年生は 65+8=73（人）だから，1 年生と 2 年生で 65+73=138（人）という意味です。
(2) 買い物の代金が 108+216=324（円）なので，おつりは 500−324=176（円）という意味です。
(3) 昨日と今日で 28+28+5=61（ページ）読んだので，残りは 125−61=64（ページ）という意味です。

標準レベル 73 たし算の ひっ算 (5)

☑解答

❶ (1) 4300　(2) 8000　(3) 6520
　(4) 6750　(5) 3400　(6) 8382

❷ (1)
```
  4500
+ 1900
  6400
```
(2)
```
  3450
+ 2370
  5820
```
(3)
```
  4800
+  480
  5280
```
(4)
```
  6700
+ 1590
  8290
```

❸ (1) 4850円　(2) 5480円　(3) 6530円

❹ 6836人

指導の手引き

❶ くり上がりの「1」を小さい字・薄い字で書くくせがつくと、テスト中の見直しや検算のときに見落とす原因になります。ほかの数字と同じ大きさで、はっきり書くようにしましょう。

(1)
```
   1
  1500
+ 2800
  4300
```
(2)
```
   1
  3700
+ 4300
  8000
```
(3)
```
   1
  4170
+ 2350
  6520
```
(4)
```
   1
  2930
+ 3820
  6750
```
(5)
```
   1 1
  2560
+  840
  3400
```
(6)
```
   1 1
  7624
+  758
  8382
```

❷ <ruby>桁数<rt>けたすう</rt></ruby>が多くなると、桁をそろえて書くことやていねいな数字で書くことがますます重要になってきます。方眼ノートできっちりと筆算する練習をしましょう。

❸ (1) 1900+2950=4850(円)
　(2) 1900+3580=5480(円)
　(3) 3580+2950=6530(円)

❹ 3348+3488=6836(人)

上級レベル 74 たし算の ひっ算 (5)

☑解答

❶ (1) 5333　(2) 8721　(3) 7841
　(4) 5557　(5) 9025　(6) 6995

❷ (1)
```
  1463
+ 3298
  4761
```
(2)
```
  2666
+ 3777
  6443
```
(3)
```
  5060
+ 1997
  7057
```
(4)
```
  5905
+ 2355
  8260
```

❸ (左から)
　(1) 6, 2, 7, 6　(2) 3, 2, 6, 4
　(3) 6, 5, 3, 7　(4) 2, 8, 1, 9

❹ 6520円

❺ 8515

指導の手引き

❶ (1)
```
   1 1 1
  2746
+ 2587
  5333
```
(2)
```
   1 1
  6624
+ 2097
  8721
```
(3)
```
   1 1
  4279
+ 3562
  7841
```
(4)
```
  1431
+ 4126
  5557
```
(5)
```
   1 1
  7173
+ 1852
  9025
```
(6)
```
   1
  3027
+ 3968
  6995
```

❸ (1)
```
   1 1
  6 4 7 5
+   2 5 6
  6 7 3 1
```
(2)
```
   1 1
  2 2 6 4
+   8 6 5
  3 1 2 9
```
(3)
```
   1 1 1
  6 4 3 3
+ 2 5 6 7
  9 0 0 0
```
(4)
```
   1 1
  2 8 5 7
+ 5 6 1 9
  8 4 7 6
```

❹ 2580+2580+1360=6520(円)

❺ 5000+2800+640+75=8515

標準レベル 75 ひき算の ひっ算 (5)

☑解答

❶ (1) 2400　(2) 4500　(3) 4070
　(4) 810　(5) 8700　(6) 7379

❷ (1)
```
  4500
- 1900
  2600
```
(2)
```
  3450
- 2370
  1080
```
(3)
```
  4800
-  480
  4320
```
(4)
```
  7160
-  590
  6570
```

❸ (1) 4250　(2) 4163

❹ (1) 1680円　(2) 630円　(3) 1050円
　(4) 3470円

指導の手引き

❶ くり下げた数もくり上がりの1と同様に、ほかの数字と同じ大きさではっきり書きましょう。

(1)
```
  3900
- 1500
  2400
```
(2)
```
   6
  7400
- 2900
  4500
```
(3)
```
  6230
- 2160
  4070
```
(4)
```
   49
  5000
- 4190
   810
```
(5)
```
   8
  9540
-  840
  8700
```
(6)
```
   716
  8275
-  896
  7379
```

❷ 答えが出たら、たし算で確かめをする習慣をつけましょう。

❸ (1) 8000-3750=4250
　(2) 6532-2369=4163

❹ (1) 3580-1900=1680(円)
　(2) 3580-2950=630(円)
　(3) 2950-1900=1050(円)
　(4) ネクタイとセーターで 3580+2950=6530(円)
　だから、おつりは 10000-6530=3470(円) です。

上級 レベル 76　ひき算の　ひっ算 (5)

☑解答

❶ (1) 5007　(2) 4416　(3) 1250
　(4) 2249　(5) 2136　(6) 2302

❷ (1) 2360　(2) 3520　(3) 3544
　(4) 2155

❸ (左から)
　(1) 7, 5, 3, 6　(2) 5, 5, 9, 4
　(3) 7, 1, 3, 9　(4) 7, 5, 0, 8

❹ (1) 3580人　(2) 4650人

指導の手引き

❶ (1)
$$\begin{array}{r} 4 \\ 98\overset{4}{5}3 \\ -4846 \\ \hline 5007 \end{array}$$
(2)
$$\begin{array}{r} 5 \\ 65\overset{5}{6}1 \\ -2145 \\ \hline 4416 \end{array}$$
(3)
$$\begin{array}{r} 29 \\ 3\overset{2\,9}{0}00 \\ -1750 \\ \hline 1250 \end{array}$$

(4)
$$\begin{array}{r} 8 \\ 87\overset{8}{9}8 \\ -6549 \\ \hline 2249 \end{array}$$
(5)
$$\begin{array}{r} 301 \\ 4\overset{3\,0\,1}{1}23 \\ -1987 \\ \hline 2136 \end{array}$$
(6)
$$\begin{array}{r} 4\ 3 \\ 50\overset{4\ 3}{4}0 \\ -2738 \\ \hline 2302 \end{array}$$

❷ 5000円や10000円からのおつりを計算するのと同じことです。日常生活では，このような計算がよくあります。

❸ 数字をあてはめたら，実際に計算をして答えが合っているかを確かめる習慣をつけましょう。
(1)
$$\begin{array}{r} \boxed{7}4\ 3\ 1 \\ -\ \boxed{5}\ 2\ 6 \\ \hline 6\ 9\ 0\ 5 \end{array}$$
(2)
$$\begin{array}{r} 6\ 5\ 2\ \boxed{4} \\ -\ \ \ 6\ 9\ 7 \\ \hline \boxed{5}\ 8\ 2\ 7 \end{array}$$

(3)
$$\begin{array}{r} \boxed{7}\ 5\ 3\ 2 \\ -4\boxed{1}6\boxed{9} \\ \hline 3\ 3\ 6\ 3 \end{array}$$
(4)
$$\begin{array}{r} \boxed{7}\ 5\ 8\ 4 \\ -1\ 4\boxed{0}\boxed{8} \\ \hline 6\ 1\ 7\ 6 \end{array}$$

❹ (2)東町に住んでいるのは6420+1810=8230
(人)，西町に住んでいるのは，6420−2840=3580
(人) だから，8230−3580=4650(人) 多いです。
1810+2840=4650(人) でもかまいません。

標準 レベル 77　0の　つく　かけ算 (1)★

☑解答

❶ (1) 60　(2) 350　(3) 80　(4) 540

❷ (1) 900　(2) 4200　(3) 600
　(4) 3200　(5) 4000

❸ (1) 480円　(2) 180円　(3) 1800 mL

❹ (1) 920円　(2) 80円

指導の手引き

❶ 2×3=6，20×3=60，200×3=600 の答えは，桁（けた）がちがうだけでしくみは同じです。

$$\boxed{①①} \times3 = \boxed{①①\ ①①\ ①①}$$
$$\ \ 2 \qquad\qquad 6$$

$$\boxed{⑩⑩} \times3 = \boxed{⑩⑩\ ⑩⑩\ ⑩⑩}$$
$$\ \ 20 \qquad\qquad 60$$

$$\boxed{⑩⑩⑩} \times3 = \boxed{⑩⑩⑩\ ⑩⑩⑩\ ⑩⑩⑩}$$
$$\ \ 200 \qquad\qquad 600$$

かける数やかけられる数が10倍になったとき，答えも九九の10倍（末尾に「0」がつく）になります。
3年生で学習する内容ですが，2年生のうちに覚えておくとよいでしょう。

❷ (1) 300×3=900　九九の答えに計算から省いた0を2つつけます。
(5) 800×5=4000　九九の答えの0(40の0)と混同しないよう注意します。

❸ (1)(6×8=48 だから) 60×8=480(円)
(2)(9×2=18 だから) 9×20=180(円)
(3)(3×6=18 だから) 300×6=1800(mL)

❹ (1)80円のノート4冊で 80×4=320(円)
200円のマジック3本で 200×3=600(円)
全部で 320+600=920(円) です。
(2)おつりは 1000−920=80(円) です。

上級 レベル 78　0の　つく　かけ算 (1)★

☑解答

❶ (1) 320　(2) 360
　(3) 270　(4) 140
　(5) 3600　(6) 2000
　(7) 5600　(8) 3000
　(9) 7200　(10) 1500

❷ (1) 4　(2) 40　(3) 6　(4) 8
　(5) 3　(6) 60　(7) 500　(8) 8

❸ 2100円

❹ 180人

❺ 540分

❻ 120 cm

❼ 280本

❽ 3500円

指導の手引き

❶ (6)4×5=20 だから，400×5=2000 です。もとの九九の答えが0で終わるものに，さらに0を2つつけるので，0は3つになります。

❷ (5)6×3=18 なので，600×3=1800
(6)5×6=30 なので，0の数に注意して
5×60=300 から，答えは60です。

❸ 1週間は7日ですから，300×7=2100(円) 貯まります。

❹ 6×30=180(人)

❺ 60×9=540(分)

❻ 正方形には同じ長さの辺が4つあるので，1つの長さが30 cmならば，まわりの長さは30×4=120(cm) になります。

❼ 7×40=280(本)

❽ 500×7=3500(円)

標準レベル79 0の つく かけ算 (2)★

☑解答

❶ (1) 60　(2) 140
　(3) 280　(4) 480
　(5) 5400　(6) 2800
　(7) 180　(8) 490

❷ (1) 40, 280　(2) 30, 270
　(3) 200, 800　(4) 300, 2400

❸ (1) 640 円　(2) 360 円　(3) 4 本

❹ (1) 168 cm　(2) 32 cm　(3) 5 本

指導の手引き

❷ 3つの数のかけ算をするときは, かける順番を替えても答えは変わりません。3年生になるとかけ算の筆算を習いますが, 筆算を習った後であっても, できるだけ簡単に計算できるように工夫するほうが, 算数の力がつきます。
(1) 7×8×5=56×5 とすると, 筆算が必要ですが, 8×5=40 を先に計算し, 7×8×5=7×40=280 とすれば暗算でもできます。
(2) 5×6 を先に計算して, 5×9×6=9×30=270

❸ (1) 筆箱の値段は 80×7=560（円）だから, 赤鉛筆と筆箱で 80+560=640（円）です。
(3) 赤鉛筆は 1 本 80 円, 2 本で 160 円, 3 本で 240 円, 4 本で 320 円, 5 本で 400 円, ……とたどっていくと, 360 円で 4 本まで買えることがわかります。

❹ (1) 30×4=120（cm）, 8×6=48（cm）
120+48=168（cm）
(2) 2 m=200 cm だから, 200−168=32（cm）
(3) 6×5=30（cm）なので, 5 本まで切り取ることができます。

上級レベル80 0の つく かけ算 (2)★

☑解答

❶ (1) 177　(2) 102　(3) 329　(4) 360
　(5) 320　(6) 240　(7) 630　(8) 50

❷ (1) 210, 2 m 10 cm
　(2) 1800, 1 L 800 mL
　(3) 200, 1800
　(4) 300, 2400

❸ 340 円

❹ (1) 300 まい　(2) 362 まい

❺ 20 円

指導の手引き

❶ 前から順に, （　）の中は先に計算します。

❸ ノート 6 冊が 90×6=540（円）, ボールペン 3 本が 40×3=120（円）, 合計 540+120=660（円）です。したがって, 1000 円からのおつりは 1000−660=340（円）です。

❹ (1) 男の子に 6×30=180（枚）, 女の子に 6×20=120（枚）配ったので, 全部で 180+120=300（枚）です。男の子と女の子の数を先にたしてから, その答えに 6 をかけてもかまいません。その場合, 6×(30+20)=6×50=300（枚）となります。
(2) 男の子に 1 枚ずつ, 女の子に 2 枚ずつ配るには, 1×30=30, 2×20=40, 30+40=70（枚）の画用紙が必要です。8 枚たりなかったということは, 画用紙が 70−8=62（枚）しかあまっていなかったということなので, はじめにあった画用紙は 300+62=362（枚）になります。

❺ 持っていったお金は 80×7=560（円）, 使ったお金は (80−20)×9=540（円）だから, 560−540=20（円）あまります。

標準レベル81 分数 (1)

☑解答

❶ (1) $\frac{1}{2}$　(2) $\frac{1}{4}$　(3) $\frac{1}{3}$　(4) $\frac{1}{4}$　(5) $\frac{1}{8}$　(6) $\frac{1}{6}$

❷ ウ

❸ イ…$\frac{1}{3}$　ウ…$\frac{1}{4}$　エ…$\frac{1}{6}$　オ…$\frac{1}{2}$

❹ (1) $\frac{1}{2}$　(2) 1　(3) 4 こ　(4) 2 こ

指導の手引き

❶ 2 年生では, 分子が 1 で, 分母が 1 桁の分数について, その表記方法と, 意味を習います。ですから, 全体を何個の等しい部分に分けているかが問題になります。

❷ $\frac{1}{3}$ は, 全体を等しく 3 つに分けたうちの 1 つ分を表しています。図はどれも 3 つに分けたうちの 1 つ分ですが, アやイは等しく 3 つに分けていません。

❸ アは正方形 12 個分の長さです。イは正方形 4 個分ですから, 3 つ集めるとアになります。同じように, ウは 4 つ, エは 6 つ, オは 2 つでアになります。

❹ (1) 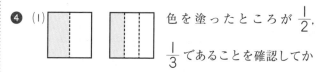 色を塗ったところが $\frac{1}{2}$, $\frac{1}{3}$ であることを確認してから, どちらが大きいか答えさせてみましょう。

(2) 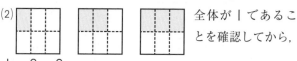 全体が 1 であることを確認してから,

$\frac{1}{6}$, $\frac{2}{6}$, $\frac{3}{6}$ …と塗るところを増やしていきます。

(4) 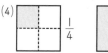 $\frac{1}{4}$ $\frac{1}{2}$ 見比べて考えさせましょう。

☑解答

1 (1) $\dfrac{1}{2}$ (2) $\dfrac{1}{4}$ (3) $\dfrac{1}{3}$ (4) $\dfrac{1}{4}$ (5) $\dfrac{1}{2}$ (6) $\dfrac{1}{3}$

2 (1) $\dfrac{1}{4}$ (2) 1 (3) $\dfrac{1}{8}$ (4) $\dfrac{1}{3}$

3 (1) 2, 3, 4 (2) 7, 8, 9 (3) 2, 3

4 (1) $\dfrac{1}{3}$ (2) カ (3) $\dfrac{1}{6}$

指導の手引き

1 色を塗ったところの配置を変えてみましょう。

3 (3) $\dfrac{1}{2}$ は 2 個集めると 1 になるので，4 個集めると 1 より大きくなります。同様に $\dfrac{1}{3}$ は 3 個集めると 1 になります。$\dfrac{1}{4}$ を 4 個集めた数が 1 で，「1 より大きい」というときには 1 は含まないので，□に 4 はあてはまりません。

4 (1) 0 ア イ ウ エ オ カ キ
$\dfrac{1}{3}$

(2) 0 ア イ ウ エ オ カ キ
$\dfrac{1}{3}$

(3) ウが $\dfrac{1}{2}$ のとき，1 を表すのはカになります。アはカのどれだけにあたるかから考えます。

☑解答

1 (1)(左から) 5, 2, $\dfrac{2}{5}$

(2)(左から) 4, 3, $\dfrac{3}{4}$

2 (1) $\dfrac{2}{3}$ (2) $\dfrac{3}{4}$

3 (1) $\dfrac{3}{8}$ (2) $\dfrac{5}{6}$

4 (1)(左から) $\dfrac{1}{5}$, $\dfrac{4}{5}$

(2)(左から) $\dfrac{2}{7}$, $\dfrac{6}{7}$

5 (1) $\dfrac{2}{5}$ (2) 1 (3) $\dfrac{5}{7}$ (4) $\dfrac{2}{3}$

指導の手引き

1 分子が 1 以外の分数です。3 年生で習う単元ですが，5 つに分けた 1 つ分を $\dfrac{1}{5}$，2 つ分を $\dfrac{2}{5}$，3 つ分を $\dfrac{3}{5}$，…と表すことと，簡単なたし算・ひき算を取り上げました。

2 (1) 1 つ分が $\dfrac{1}{3}$ で，その 2 つ分は $\dfrac{2}{3}$ です。

(2) 1 つ分が $\dfrac{1}{4}$ で，その 3 つ分は $\dfrac{3}{4}$ です。

3 (1) 全体を等しく 8 つに分けているので，1 目盛り分は $\dfrac{1}{8}$ です。

4 数の線では，0 から 1 までの線の長さを 1 と考えます。紙テープなどで具体的に見えるように工夫するとよいでしょう。

5 分母が同じ分数どうしは，分子が大きい分数ほど大きく，分子が同じ分数どうしは，分母が小さい分数ほど大きくなります。

☑解答

1 (1) $\dfrac{3}{8}$ (2) $\dfrac{3}{4}$ (3) $\dfrac{4}{9}$

(4) $\dfrac{5}{6}$ (5) $\dfrac{2}{5}$ (6) $\dfrac{5}{8}$

2 (1) $\dfrac{4}{5}$ (2) $\dfrac{1}{8}$

3 (1) $\dfrac{5}{7}$ (2) $\dfrac{3}{8}$ (3) 1

4 (1) $\dfrac{4}{5}$ (2) $\dfrac{3}{7}$

(3) $\dfrac{5}{6}$ (4) 1

(5) $\dfrac{3}{8}$ (6) $\dfrac{1}{3}$

(7) $\dfrac{5}{9}$ (8) $\dfrac{3}{4}$

指導の手引き

1 全体が「いくつに分けられていて」，色を塗ったところは「そのうちのいくつ」というのを図から読み取ります。

3 問題と右の図を対応させながら，分子の数だけをたしたりひいたりすることで正しく計算できることを理解させましょう。

(3)計算結果が分母と分子が等しい分数になる場合は，必ず 1 に直して答えます。

4 (4) $\dfrac{5}{8}+\dfrac{3}{8}=\dfrac{8}{8}=1$ $\left(\dfrac{8}{8}\text{のままでは×}\right)$

(8) 1 から $\dfrac{1}{4}$ を取り除くと残りはいくらか，図を見て考えてみましょう。

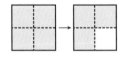

85 最上級レベル ⑪

☑解答

1 (1) 3270 (2) 5205 (3) 9188
(4) 740 (5) 320 (6) 4586

2 (1) $\frac{5}{7}$ (2) $\frac{5}{8}$ (3) 1 (4) $\frac{2}{3}$
(5) 159 (6) 30 (7) 180 (8) 720
(9) 3000 (10) 280

3 (1) $\frac{1}{6}$ (2) $\frac{4}{5}$ (3) $\frac{2}{9}$

4 (1) 360 分
(2) 3360 円
(3) 2079 人
(4) 1 L 200 mL

指導の手引き

1 (1) $\begin{array}{r} 2395 \\ +\ 875 \\ \hline 3270 \end{array}$ (2) $\begin{array}{r} 4697 \\ +\ 508 \\ \hline 5205 \end{array}$ (3) $\begin{array}{r} 3892 \\ +5296 \\ \hline 9188 \end{array}$

(4) $\begin{array}{r} 1260 \\ -\ 520 \\ \hline 740 \end{array}$ (5) $\begin{array}{r} 7000 \\ -6680 \\ \hline 320 \end{array}$ (6) $\begin{array}{r} 7493 \\ -2907 \\ \hline 4586 \end{array}$

2 (3) $\frac{5}{12}+\frac{7}{12}=\frac{12}{12}=1$ （$\frac{12}{12}$ のままでは×）

(4) $1-\frac{1}{3}=\frac{3}{3}-\frac{1}{3}=\frac{2}{3}$ （1は$\frac{3}{3}$にして計算）

(10) $5\times7\times8=40\times7=280$ （5×8 を先に計算）

4 (1) $60\times6=360$（分）
(2) $840+840+1680=3360$（円） です。
$840\times2=1680$ という計算は未習ですので，たし算をします。
(3) $4056-1977=2079$（人）
(4) $200\times6=1200$（mL），1200 mL＝1 L 200 mL

86 最上級レベル ⑫

☑解答

1 （左から）
(1) 5, 5, 6, 6 (2) 3, 6, 3, 7
(3) 6, 3, 9, 2 (4) 8, 7, 3, 5

2 (1) 300 (2) 90 (3) 421 (4) 490
(5) 7655

3 (1) $\frac{2}{5}$ (2) $\frac{5}{6}$

4 (1) 240 m (2) 160 m

指導の手引き

1 (1) $\begin{array}{r} 5769 \\ +\ 546 \\ \hline 6315 \end{array}$ (3) $\begin{array}{r} 6495 \\ -2362 \\ \hline 4133 \end{array}$ (4) $\begin{array}{r} 8784 \\ -3535 \\ \hline 5249 \end{array}$

3 (1) オが 1 を表すとき，アは $\frac{1}{5}$ を表します。イはアの目盛りの 2 つ分ですから $\frac{2}{5}$ を表します。

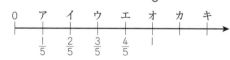

(2) ウは 0 から 3 つ目の目盛りなので，ウが $\frac{1}{2}$ を表すとき，0 から 6 つ目の目盛りであるカは 1 を表します。アは 1 つ目の目盛りなので $\frac{1}{6}$ となり，オはその 5 つ分ですから $\frac{5}{6}$ を表します。

4 (1) $80\times3=240$（m）
(2) 8 分後には，ゆかりさんは $80\times8=640$（m），弟は $60\times8=480$（m）歩いているので，$640-480=160$（m）離れています。

また，1 分間に $(80-60)$m だけゆかりさんが先に進むことに着目して，
$(80-60)\times8=20\times8=160$（m）と考えることもできます。

標準レベル 87 わり算 ⑴ ★

☑解答

1 (1) 12, 6 (2) 21, 7 (3) 20, 5
2 (1) 4 (2) 8 (3) 6 (4) 3
(5) 8 (6) 9 (7) 4 (8) 5
3 (1)（しき）24÷3=8 （答え）8 まい
(2)（しき）35÷5=7 （答え）7 cm
(3)（しき）56÷8=7 （答え）7 ふくろ
(4)（しき）54÷6=9 （答え）9 つ
(5)（しき）27÷3=9 （答え）9 日

指導の手引き

1 1 桁の数でわるわり算は 3 年生で習う単元ですが，その中で，九九の逆算で求められるものを扱います。かけ算が「同じものをいくつか集める」計算であるのに対し，わり算は「いくつかの同じものに分ける」計算です。かけ算とわり算が逆の操作であることを理解しましょう。

2 九九をしっかり覚えていれば簡単にできます。九九が定着しているかどうかの確認にもなります。

3 文章問題を通じて，どういうときにわり算を使うのかを学びましょう。何人かで分けるとき，同じ長さに切るとき，いくつかのグループに分けるときなど，「これはわり算だな」という感覚を養ってください。（問題文に出てくる数字だけを見て計算をするお子さまもいます。必ず，問題文を読ませてください。）

☑解答

1 (1) 9　(2) 9　(3) 7　(4) 4
　　(5) 4　(6) 4　(7) 1　(8) 8

2 (1) 21　(2) 30　(3) 32　(4) 35
　　(5) 8　(6) 6　(7) 8　(8) 1

3 6 れつ

4 6 こ

5 7 はい

6 9 本

指導の手引き

1 (7) 6÷6 は「6 個のお菓子を 6 人で分ける→1 人に 1 個」ということです。
(8) 8÷1 は「8 個のお菓子を 1 人で分ける→1 人占めする」ということです。

2 (1)「□個のお菓子を 3 人で分けると 1 人分が 7 個になる」という問題を解く式は □÷3=7 となります。これより □ は 7 を 3 つ集めた数で，7×3=21
(5)「40 個のお菓子を□人で分けると 1 人分が 5 個になる」という問題を解く式は 40÷□=5 です。1 人分は 5 個で，□人分集めると 40 個になるので，□の数は 40÷5=8 と求めることができます。
(7) わられる数と同じ数でわると，答えが 1 になります。
(8) 1 でわると，答えはわられる数と同じです。

3 子どもは 4×9=36（人）ですから，6 人ずつの列に並ぶと 36÷6=6（列）になります。

4 食べたみかんは 50−2=48（個）だから，48÷8=6 より，1 人 6 個ずつ食べたことになります。

5 2 dL のコップ 4 杯で 2×4=8（dL）だから，6 dL のコップでくんだのは 5 L−8 dL=42 dL です。したがって，42÷6=7（杯）です。

6 8×8=64，100−64=36，36÷4=9（本）

☑解答

1 (1) 7，70　(2) 8，80
　　(3) 3，300　(4) 9，900　(5) 5，50

2 (1) 60　(2) 80　(3) 80　(4) 50
　　(5) 600　(6) 800　(7) 600　(8) 500

3 (1)（しき）120÷6=20
　　　（答え）20 まい
　　(2)（しき）320÷8=40
　　　（答え）40 円
　　(3)（しき）140÷7=20
　　　（答え）20 ページ
　　(4)（しき）360÷4=90
　　　（答え）90 cm

指導の手引き

1 28÷4=7 をもとにして，280÷4=70，2800÷4=700 のように計算できることを覚えましょう。
例えば，280 は「10 が 28 個」ですから，4 でわると「10 が 7 個」になり，70 です。

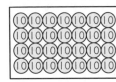
280　÷4=　70

2 (4) 40÷8=5 ですから，400÷8=50 です。
(8) 20÷4=5 ですから，2000÷4=500 です。

3 (3) 1 週間は 7 日ですから，140÷7=20（ページ）になります。
(4) 正方形のまわりの長さは，1 つの辺の長さ 4 つ分ですから 360÷4=90（cm）になります。

☑解答

1 (1) 60　(2) 90　(3) 20　(4) 40
　　(5) 40　(6) 300　(7) 600　(8) 600

2 (1) 2100　(2) 300　(3) 5600　(4) 2800
　　(5) 8　(6) 8　(7) 380

3 30 まい

4 900 円

5 80 cm

6 40 まい

指導の手引き

1 (7) 3000÷5=600
　　　　 30÷5=6

2 (7) 順序立てて計算します。
（250+□）÷9=70
　　　250+□=630 になればよい
　　　　　↓
　　□=630−250，□=380
□を求める問題では，自分の出した答えを□にあてはめて，式が成り立つかどうかを必ず確かめるように指導してください。成り立たないときは，途中の計算式を見直してまちがえたところからやり直してみます。

3 240÷8=30（枚）

4 ボールとバットの代金の合計は
800+2800=3600（円）
4 人で同じ金額ずつ出すので，3600÷4=900（円）

5 切り取ったロープの長さは 6 本で
5 m−20 cm=480 cm
1 本の長さは 480÷6=80（cm）

6 男の子と女の子で 4+3=7（人）
280 枚を 7 人で等しく分けると 280÷7=40（枚）

標準レベル 91　文しょうもんだい (1)

☑解答

❶ 110 まい	❷ 56 まい
❸ 70 円	❹ 78 まい
❺ 3 m 75 cm	❻ 1 L 9 dL
❼ 205 人	❽ 90 こ
❾ 53 羽	

指導の手引き

❶ 95+15=110（枚）

❷ 52+4=56（枚）
「4 まい少ない」との表現からひき算の式を立ててしまうときは，問題文から赤と青の枚数の大小関係を考えるようにします。

❸ 違いを求めるので，ひき算で計算します。
120-50=70（円）

❹ 2 人が使った色紙は 27+15=42（枚）
120-42=78（枚）
ひとつの式で書いて，前から順にひき算してもかまいません。
120-27-15=93-15=78（枚）

❺ 1 m 60 cm+2 m 15 cm=3 m 75 cm

❻ dL に直して計算します。
1 L=10 dL なので 2 L 1 dL=21 dL
21 dL-2 dL=19 dL=1 L 9 dL

❼ 129+76=205（人）

❽ りんごの数は 54-18=36（個）
54+36=90（個）

❾ 57+19-23=53（羽）
19 羽来て 23 羽飛んでいったので，増減を考えると
23-19=4（羽）減っています。
はじめに 57 羽いたので，57-4=53（羽）とすると計算は簡単です。

上級レベル 92　文しょうもんだい (1)

☑解答

① 28 人	② 21 人
③ 160 円	④ 10 人
⑤ 92 cm	⑥ 11 頭
⑦ 735 ひき	⑧ 56 台

指導の手引き

① 1 組と 2 組を合わせて 28+29=57（人）
全体からひいて 85-57=28（人）

② 24-15+12=21（人）
増減を考えると 15-12=3（人）減っているので，
24-3=21（人）のように暗算で計算できます。

③ 貯金箱に 80 円入れたあと持っているお金は，
460-80=380（円）
残ったお金をひくとノートの代金になるので，
380-220=160（円）

④ 駅前で何人か降りた後，16 人乗りこむ前のバスに乗っている人の人数は，34-16=18（人）
はじめに 28 人乗っていたので，駅前で降りた人の人数は，28-18=10（人）

⑤ 38+62-8=92（cm）

⑥ 馬の数は 76+7=83（頭）
違いを求めるので，多い方の羊の数から馬の数をひいて，
94-83=11（頭）

⑦ ふなの数は 245+245=490（匹）
こいとふなの数を合わせると，
245+490=735（匹）

⑧ 自動車は 70 台で，オートバイの数は問題文の「自どう車はオートバイより 31 台多い」を「オートバイは自動車より 31 台少ない」と読み替えることが必要です。
オートバイは，70-31=39（台）
自転車は，39+17=56（台）

標準レベル 93　文しょうもんだい (2)

☑解答

❶ 35 ページ	❷ 4800 円
❸ 36 cm	❹ 2 L 7 dL
❺ 44 円	❻ 47 こ
❼ 27 まい	❽ 350 円
❾ 320 円	❿ 50 まい

指導の手引き

❶ 7×5=35（ページ）

❷ 800×6=4800（円）

❸ 正方形には辺が 4 つあるので，9×4=36（cm）

❹ 3 dL×9=27 dL
10 dL=1 L なので 27 dL=2 L 7 dL

❺ 色紙の代金は 8×7=56（円）
おつりは 100-56=44（円）

❻ 箱に入れたりんごの数は，6×7=42（個）
残っている 5 個を合わせて，42+5=47（個）

❼ 6 人に 5 枚ずつ配るとき必要な枚数は，
5×6=30（枚），
3 枚たりないので，30-3=27（枚）

❽ 鉛筆の代金は 40×8=320（円）
320+30=350（円）

❾ 画用紙の代金と鉛筆の代金を別々に計算してから，合計を求めます。
画用紙の代金は 20×7=140（円）
鉛筆の代金は 30×6=180（円）
合計は 140+180=320（円）

❿ 問題文からシールは 1 人に 6 枚ずつ配っていることを読み取ります。配ったシールの数は，
(5+1)×8=6×8=48（枚）
48+2=50（枚）

文しょうもんだい (2)

☑解答

1. 70ぴき
2. 300円
3. 34人
4. 21円
5. (1)18まい　(2)40まい　(3)34まい
6. 240こ

指導の手引き

1. 7×8=56, 56+14=70(匹)

2. あめとチョコレートを分けて計算するより，「セット」にして考える方が簡単です。
   1人分にかかるお金は，20+30=50(円)
   これを6人に配るので，50×6=300(円)

3. 4人乗りのボートが9−2=7(そう)，3人乗りのボートが2そうになるので，
   4×7=28，3×2=6，28+6=34(人)

4. 15×7，12×7 のような 2桁×1桁 のかけ算は未習ですので，15円と12円の差に着目して考えます。
   画用紙1枚について 15−12=3(円) 安くなります。
   7枚買うと 3×7=21(円) 安くなります。

5. (1)図の並び方を手がかりにして計算を考えると，縦に並んだ3枚が6列あるので，3×6=18(枚)
   (2)図に■をかき入れて図を完成し，計算を考えます。
   (3)白いカードを縦に7枚，横に8枚並べてまわりを黒いカードで囲うと，カードが縦に 7+2=9(枚)，横に 8+2=10(枚) 並びます。
   白と黒のカードの合計 9×10=90(枚)
   そのうちの白いカードは 7×8=56(枚) なので，黒いカードは 90−56=34(枚)

6. 箱に入っている袋の数を先に求めると，8×5=40(袋)，ひとつの袋にみかんが6個入っているので，みかんの数は 6×40=240(個)

文しょうもんだい (3)

☑解答

1. 52まい
2. 5人
3. 6こ
4. 500円
5. 40cm
6. 6本
7. 34きゃく
8. 58ページ

指導の手引き

1. 配った画用紙は 6×8=48(枚)
   4枚あまっているので，画用紙は
   48+4=52(枚)

2. 配った折り紙は 45−5=40(枚)
   8枚ずつ配るので，配った人数は
   40÷8=5(人)

3. 7人に配るのには，あめが 40+2=42(個) 必要だったことがわかります。
   1人に配ろうとした個数は 42÷7=6(個)

4. ノートの代金は 90×3=270(円)
   ペンの代金は 50×2=100(円)
   買ったあとで130円あまっているので，
   270+100+130=500(円)

5. 切り取ったテープは 6×6=36(cm)
   4cmあまったので，長いテープは
   36+4=40(cm)

6. 切り取ったテープの長さは 70−16=54(cm)
   9cmずつ切り取ったので，54÷9=6(本)

7. 子どもが運んだいすは 4×7=28(脚)
   先生が運んだいすは6脚なので，28+6=34(脚)

8. 9ページずつ6日間読んで，最後の1日は4ページ読んだことになるので，
   9×6+4=58(ページ)

文しょうもんだい (3)

☑解答

1. 250まい
2. 20人
3. 400円
4. 245こ
5. 710円
6. 1740円
7. 56こ
8. 180cm

指導の手引き

1. 配ったシールは 30×8=240(枚)
   10枚あまっているので，240+10=250(枚)

2. 配ったシールは 130−10=120(枚)
   1人に6枚ずつ配ったので，配った人数は
   120÷6=20(人)

3. ノートの代金は 70×6=420(円)
   20円たりなかったことから，持っていたお金は
   420−20=400(円)

4. 袋につめたみかんの個数は 8×30=240(個)
   5個あまっているので，240+5=245(個)

5. ノートの代金は 80×4=320(円)
   鉛筆の代金は 40×9=360(円)
   40円の鉛筆をもう1本買おうとして10円たりなかったので，買い物のあとで残っていたお金は
   40−10=30(円)
   はじめに持っていたお金はこれらの合計なので，
   320+360+30=710(円)

6. 集めたお金は 600×3=1800(円)
   おつりは 20×3=60(円)
   1800−60=1740(円)

7. クッキーの数は 20×7=140(個)
   6個ずつ2週間食べると
   6×7=42，42+42=84(個)
   残りは 140−84=56(個)

8. 5×8=40，7×8=56，8×8=64 より，長いリボンは 40+56+64+20=180(cm)

97 最上級レベル ⑬

☑解答
1. (1) 8　(2) 4　(3) 600　(4) 40
　　(5) 8　(6) 500
2. 6 こ　　3. 200 mL
4. 80 円　　5. 70 cm
6. 43 こ　　7. 74 こ

指導の手引き
1. (1) 64÷8=8
(2) 36÷9=4
(3) わられる数 4200 の 0 を 2 こ除いて考えます。
　42÷7=6, 0 を 2 こつけて 600
(4) わられる数 200 の 0 を 1 こ除いて考えます。0 を 2 個とも除いてしまうと, 2÷5 となってわり算ができません。20÷5=4, 0 を 1 こつけて 40
(5) わられる数の 720 と, 答えの 90 の 0 をそれぞれ除いて考えます。72÷9=8
(6) 100×5=500

2. 24÷4=6（個）

3. 600÷3=200（mL）

4. 560÷7=80（円）

5. 1 m=100 cm なので 3 m=300 cm
残った 20 cm をひいて 300−20=280（cm）
280÷4=70（cm）

6. 配ったみかんは 2 個の 36 人分なので, 2+2+2+…を繰り返して, 2 を 36 回たした数になります。
これは 36 を 2 回たした数と同じです。
配ったみかんの数は 36+36=72（個）
115−72=43（個）

7. はじめに配ったおはじきは 7×9=63（個）
あとで配ったおはじきは 2×4=8（個）と 1×3=3（個）なので, おはじきの数は 63+8+3=74（個）

98 最上級レベル ⑭

☑解答
1. (1) 9　(2) 4　(3) 5　(4) 9
　　(5) 40　(6) 700　(7) 18　(8) 320
2. 6 まい　　3. 90 円
4. 700 円　　5. 4 はい
6. 34 こ　　7. 255 こ

指導の手引き
1. (7) 2×9=18
(8) 40×8=320

2. 20−2=18, 18÷3=6（枚）

3. 700 円持っていて 20 円たりなかったので, サインペン 8 本の代金は 700+20=720（円）
サインペン 1 本の値段は 720÷8=90（円）

4. ジュースの代金は 200×8=1600（円）
お菓子の代金を合わせると,
1600+500=2100（円）
これを 3 人で出しあうので, 1 人が出すお金は
2100÷3=700（円）

5. 6 L=60 dL
7 dL のコップで 4 杯くむと, 7×4=28（dL）
8 dL のコップでくんだ水は, 60−28=32（dL）
32÷8=4（杯）

6. はじめのみかんの数は 20×8=160（個）
1 週間に食べる数は 9×7=63（個）
160−63−63=34（個）

7. 数のたし・ひきに注意して, 時間をさかのぼって考えます。夕ごはんに 108 個使ったあとの残りが 70 個なので, 夕ごはんの前にあったたまごの数は,
108+70=178（個）
休み時間の前の数は, 178−90=88（個）
昼ごはんの前にあった数は, 88+167=255（個）

標準レベル 99 文しょうもんだい (4)★

☑解答
1. (1) 18 こ
　　(2) かな…9 こ　なつみ…15 こ
2. (1) 3 ばい
　　(2) 弟…8 まい　兄…16 まい
3. (1) 40 人
　　(2) 45 人
4. (1) 6 本
　　(2) 12 本

指導の手引き
1. 「和差算」とよばれる文章題です。
(1) なつみさんとかなさんの持っているおはじきの合計は, かなさんの持っているおはじきの 2 つ分（=2 倍）より 6 個多いので, 24 個から 6 個をひくと, かなさんの持っているおはじきの 2 つ分になります。したがって, 24−6=18（個）です。
(2) かなさんは, 18÷2=9（個）
なつみさんは, 24−9=15（個）または 9+6=15（個）

2. 「分配算」とよばれる文章題です。
(1) 兄の持っているカードは弟の 2 倍ですから, 2 人合わせると, 図のように弟の 3 倍になります。
(2) 弟は, 24÷3=8（枚）
兄は 24−8=16（枚）または 8×2=16（枚）

3. (1) 85 人から 5 人をひくと, 女の人の数の 2 倍に等しくなります。
85−5=80, 80÷2=40（人）
(2) 40+5=45（人）または, 85−40=45（人）

4. (1) 黒鉛筆は赤鉛筆の 2 倍なので, 合計の 18 本は赤鉛筆の 3 倍の数に等しくなります。
18÷3=6（本）
(2) 6×2=12（本）または 18−6=12（本）

文しょうもんだい (4)★

☑解答
1 (1) 40 cm　(2) 60 cm
2 (1) 200円　(2) 80円　(3) 120円
3 (1) 600円　(2) 1800円
4 (1) 30 cm　(2) 6 cm　(3) 24 cm

指導の手引き
1 図をかくと，次のようになります。

(1) 100−20=80(cm)，80÷2=40(cm)
(2) 100−40=60(cm)
　または，40+20=60(cm)

2 (1) りんごとなし2個ずつで 400円だから，1個ずつ
だと 400÷2=200(円) です。
(2)

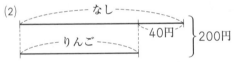

200−40=160，160÷2=80(円)
(3) 200−80=120(円)
　または，80+40=120(円)

3 (1) 問題の図より，2400円は，弟の持っているお金
の4倍ですから，2400÷4=600(円) です。
(2) 2400−600=1800(円)
　または，600×3=1800(円)

4 (1) まわりの長さ(=60 cm)は，ア2つと，イ2つ分
の長さだから，アの長さとイの長さを合わせると
60÷2=30(cm) です。
(2) 30÷5=6(cm)
(3) 6×4=24(cm)　または，30−6=24(cm)

文しょうもんだい (5)★

☑解答
1 (1) 20 m
　(2) 35 m
2 (1) 27 m
　(2) 28人
3 65 cm
4 (1) 1 m 90 cm
　(2) 4 m 40 cm

指導の手引き
1 「植木算」とよばれる文章題です。
(1) 木は5本ありますが，木と木の間(=5m)は4か所し
かありません。ちょうど，片手の指を広げると，指は5
本あるのに対して，指と指の間は4か所しかないのと
同じことです。
5×4=20(m)
(2) 木を8本植えるときは，木と木の間は7か所になり
ますから，左のはしから右のはしまでは，
5×7=35(m) となります。

2 (1) 男の子と男の子の間は 10−1=9(か所) あるので，
3×9=27(m) です。
(2) 9か所に女の子が2人ずつ入るので，2×9=18(人)
の女の子が入ります。したがって，子どもはみんなで
10+18=28(人) になります。

3 テープ4本の長さは 20×4=80(cm)
のりしろは 5×3=15(cm)
80−15=65(cm)

4 (2) 絵を9枚貼ると，絵と絵の間は8か所です。
40×9=360(cm)，10×8=80(cm)
360+80=440(cm)=4 m 40 cm

文しょうもんだい (5)★

☑解答
1 7 m
2 8本
3 (1) 9回　(2) 2 m 64 cm
4 (1) 2 m 98 cm　(2) 4 m 72 cm
5 29分

指導の手引き
1 子どもと子どもの間は 7−1=6(か所) あります。1
か所の間隔は 42÷6=7(m) です。

2 木と木の間の数は 49÷7=7(か所) だから，木の本
数は 7+1=8(本) です。

3 (1) 1回切ると2本になり，2回切ると3本になり，
3回切ると4本になり，……と考えると，9回切ると
10本になることがわかります。
(2) のりしろは 10−1=9(か所) です。テープの長さは
のりしろの長さの合計だけ短くなるので，
30×10=300(cm)，4×9=36(cm)，
300−36=264(cm)=2 m 64 cm

4 (1) 絵が5枚のとき，掲示板と絵の間が2か所，絵と
絵の間が4か所で合わせて8 cmの幅は6か所あるこ
とがわかります。
50×5=250(cm)，8×6=48(cm)
250+48=298(cm)=2 m 98 cm
(2) 絵が8枚のとき，8 cmの幅は9か所あることにな
ります。50×8=400(cm)，8×9=72(cm)
400+72=472(cm)=4 m 72 cm

5 切る回数は4回，休む回数は3回(4回目に切った後
は休みません)です。
したがって，5×4=20(分)，3×3=9(分)
20+9=29(分) かかります。

標準 103 文しょうもんだい (6)★

☑解答
- ❶ (1) 90 円　(2) 40 円
- ❷ (1) 40 円　(2) 20 円
- ❸ (1) 2 dL　(2) 6 dL
- ❹ (1) 100 円　(2) 30 円

指導の手引き

❶「消去算」とよばれる文章題です。
(1) 2 つの絵を比べると，みかんの個数は同じですが，右の絵のほうがりんごが 1 個多いことに気づきます。したがって，りんご 1 個の値段は
300−210=90（円）とわかります。
(2) りんごが 90 円とわかったので，左の絵から，みかん 3 個の値段が 210−90=120（円）とわかります。したがって，1 個は 120÷3=40（円）です。

❷ (1) 2 つの絵を比べると，バナナの本数は同じですが，右の絵のほうがレモンが 2 個多いことに気づきます。したがって，レモン 2 個の値段は 160−80=80（円）なので，1 個は 80÷2=40（円）です。
(2) 左の絵より，80−40=40，40÷2=20（円）

❸ (1) 2 つの絵を比べると，小さいコップ 6 杯のかさが 2 L 2 dL−1 L=1 L 2 dL=12 dL とわかるので，1 杯のかさは，12÷6=2（dL）です。
(2) 左の絵より，2 dL×2=4 dL，1 L−4 dL=6 dL が大きいコップのかさです。

❹ (1) 左の絵より，みかん 2 個とりんご 2 個で 200 円ですから，1 個ずつ買うと 100 円です。
(2) 右の絵より，みかん 3 個とりんご 1 個で 160 円，みかん 1 個とりんご 1 個で 100 円なので，その差を考えてみかん 2 個は 60 円です。
60÷2=30（円）

上級 104 文しょうもんだい (6)★

☑解答
- ❶ (1) 400 円　(2) 200 円　(3) 110 円
- ❷ (1) 120 円　(2) 45 円
- ❸ (1) 600 円　(2) 40 円　(3) 90 円

指導の手引き

❶ (1) 160 円と 90 円と 150 円をたすと，りんご，みかん，バナナが 2 個ずつ買えます。
(2)(1)の答えの半分です。
(3)(2)の答えと，まん中の絵を比べれば，りんご 1 個の値段は 200−90=110（円）とわかります。

❷ (1) 鉛筆 1 本と消しゴム 1 個で 105 円だから，消しゴム 1 個を鉛筆 1 本に取り替えて，鉛筆 2 本にすると，15 円高くなり，105+15=120（円）になります。
(2)(1)より，鉛筆 1 本は 120÷2=60（円）とわかるので，消しゴム 1 個は 60−15=45（円）です。

❸ (1) 左の絵の 2 つ分でりんご 4 個とみかん 6 個になります。
300×2=600（円）
(2) (1)より，りんご 4 個とみかん 6 個で 600 円です。また，右の絵でりんご 4 個とみかん 1 個は 400 円です。その差を考えると，みかん 5 個は
600−400=200（円）であることがわかります。
実際にりんご 4 個とみかん 6 個の絵をかき，りんご 4 個とみかん 1 個を斜線で消すと，残ったみかん 5 個が 200 円であることが目に見える形でわかります。
みかん 1 個の値段は
200÷5=40（円）
(3) 右の絵より，りんご 4 個は 400−40=360（円）
りんご 1 個の値段は
360÷4=90（円）

標準 105 きまりを 見つける★

☑解答
- ❶ (1) 家 2 つ…○を 8 こと ── を 11 本
　　　 家 3 つ…○を 11 こと ── を 16 本
　 (2)○を 14 こと ── を 21 本
　 (3)○を 26 こと ── を 41 本
- ❷ (1) 29　(2) 64
- ❸ (1) 6 こ　(2) 36 こ　(3) 90 こ

指導の手引き

❶ (2)(3)実際に家の図をかいて数えてもできるのですが，家 1 つ，家 2 つ，家 3 つの数字から規則を見つけると簡単にできます。

家の数	1つ	2つ	3つ	4つ	5つ	6つ	7つ	8つ
○の数	5	8	11					
─の数	6	11	16					

家が 1 つ増えるごとに，○の数は 3 個ずつ，──の数は 5 本ずつ増えていることがわかります。上の表を埋めていけば答えにたどり着きます。

❷ (2)はじめが 1 で，そこから 7 ずつ数が大きくなっています。規則にしたがって 10 番目まで書いてもいいですし，はじめの 1 から 10 番目までに 7 ずつ 9 回増えるので，計算で 7×9=63，1+63=64 と求めてもかまいません。

❸ (2)白と青の正方形を合わせた数を求めるので，色の区別をしないで全体の形を考えます。5 番目の形は正方形が横に 6 個，縦にも 6 個並んだ形なので，正方形の数は 6×6=36（個）です。
(3)9 番目の形には，正方形が白青合わせて 10×10=100（個）あり，そのうち，青い正方形は 10 個あるので，白い正方形は 100−10=90（個）です。

上級 レベル 106 きまりを 見つける★

☑解答

1 (1)△が 15こと ▽が 10こ
(2)28こ (3)55こ (4)31こ

2 (1)158 (2)20

3 (1)36こ (2)100こ

指導の手引き

1 (1)1段ずつ数えると,
△は 1+2+3+4+5=15(個)
▽は 1+2+3+4=10(個) です。
(2)1+2+3+4+5+6+7=28(個) です。
(3)1+2+3+4+5+6+7+8+9+10=55(個) です。
(4)3番目の形を見ると, △と▽は上下で組になっていますが, いちばん下の段にある 4個の△だけが組になっていません。このことから, 3番目の形では△の数は▽の数より 4個多いことがわかります。同じように, 30番目の図形では, いちばん下の段にある 31個の分だけ△が多いことになります。

2 (1)200から 6ずつ小さくなっています。
2番目の194は, 200より 6小さい。
3番目の188は, 200より 12(=6×2) 小さい。
4番目の182は, 200より 18(=6×3) 小さい。
このことから, 8番目の数は200より (6×7=)42小さい数なので, 200-42=158
(2) 31番目の数は200より (6×30=)180小さい数なので, 200-180=20

3 (1)**1**と同じように 1段ずつ数えて,
1+2+3+4+5+6+7+8=36(個) です。
(2)8番目は 7番目より 9個多いので, 36+9=45(個)
9番目は 8番目より 10個多いので, 45+10=55(個)
合わせると 45+55=100(個) です。

標準 レベル 107 数の パズル★

☑解答

1 (1)
| 19 | 26 | 24 |
と | 45 | 50 | と 95

(2)
4	1	2	6
5	3	8
8	11
19

2 (1)
11	10	15
16	12	8
9	14	13

(2)
11	4	9
6	8	10
7	12	5

3 A…1 B…4 C…2 D…0 E…3

指導の手引き

1 手がかりの数が 2つあるところから考えます。
(1)中段左…19+26=45
中段右…95-45=50, 上段右…50-26=24
(2)2段目右…2+6=8, 3段目右…19-8=11
2段目中…11-8=3, 2段目左…8-3=5
1段目…5-4=1

2 (1)斜めの列を見て, 3つの数の合計は
15+12+9=36
右下のますは 36-11-12=13
残りのますの数も, 36から 2つの数をひいて求めます。ますを全部埋めたら, 各列の数をたしてどの列も合計が36になっていることを確かめましょう。
(2)縦の列から, 4+8+12=24
右下のますは 24-11-8=5

3 数の候補0, 1, 2, 3, 4から, 式に数をあてはめて合うかどうかを考えます。
まず, C×C=B となる数Cは, 2しかありません。C=1 とするとBも 1となり, C=3 とするとB=9なので問題に合いません。また, B+D=B から D=0, E×A=E から A=1 とわかります。

上級 レベル 108 数の パズル★

☑解答

1 (1)
⑤ ② ⑥
③ ④
①

(2)
⑥ ① ⑩ ⑧
⑤ ⑨ ②
④ ⑦
③

2 (1)
67	4	49
22	40	58
31	76	13

(2)
25	4	19
10	16	22
13	28	7

3 A…3 B…4 C…1 D…2 E…5

4 A…9 B…1 C…0

指導の手引き

1 (1)空いている○に 2, 3, 4をあてはめて, 合う組み合わせを考えます。
(2)右の図で, 2段目より下の○には

ア イ ウ ⑧
⑤ ⑦

(大きい数-小さい数) の答えが入るので, 10が入るところはア, イ, ウしかありません。アとイは一方が 10なら他方が 5になるので, 10はウに入ることがわかります。

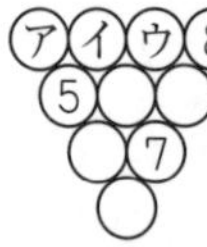

2 (2)点線で囲んだ 3つの数の和が等しいことから, 25+10 と ア+16 が等しくなります。これより, アは 19とわかります。すると 3つの数の和が 25+4+19=48 とわかるので, あとは順に埋めていくだけです。

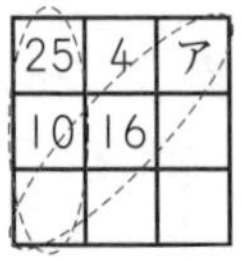

| 25 | 4 | ア |
| 10 | 16 | |

3 A×E=CE より, かける数と答えの一の位が同じ数になるのは E=5 しかありません。Aには 1, 3があてはまりますが, A=1 のとき, Cにあてはまる数はないので, A=3 とわかり, さらに, C=1 とわかります。3×B=1D で, 残りの数は2, 4だから, B=4, D=2 となります。

4 2桁+1桁のたし算で, Bはくり上がった数なので 1, Aは90台の数なので 9とわかります。

156

標準レベル 109 図形の パズル★

☑解答

① （れい）
(1)
(2)
(3) または
(4)

② （れい）
(1)
(2)
(3)

③ (1) ア　　イ
(2) ア　イ
(3) イ　ア　または ア　イ

指導の手引き
① いろいろと線で区切ってみましょう。できるまで何度もやり直すことが大切です。
③ 正方形は，いつも例の正方形の向きであるとは限りません。(2)や(3)の正方形は傾いています。

上級レベル 110 図形の パズル★

☑解答

① (1) (2)

② (1) 14こ　(2) 22こ　(3) 24こ
(4) 53こ　(5) 20こ

③ （れい）

④ (1)
上から見た図　前から見た図　右から見た図
(2)
上から見た図　前から見た図　右から見た図

指導の手引き
① 平行な辺を意識しながらかくことが大切です。
② 上の段から，あるいは右側から，自分でルールを決めて数えるようにします。(5)上の段から，1個，3個，6個，10個積んであります。
③ 18個のます目があるので，1つの形はます目18÷6=3(個)分になります。
まっすぐに3個並んだ形では敷きつめられないので，かぎ型の3個の形をいろいろな向きに並べてみます。
④ 立方体の箱やさいころを実際に積んで，3つの方向から観察してみましょう。また問題の絵を使って「正面から見たとき」と「上から見たとき」に見えている面に色を塗ってみるのも有効です。なお，右から見たときに見える面は，図中で薄く影がついている面になります。

111 最上級レベル ⑮

☑解答

1 (1) 90 cm (2) 1 m 10 cm

2 (1) 60 円　(2) 20 円

3 (1) 44　(2) 79

4 (1)

55	62	27
20	48	76
69	34	41

(2)

12	75	30
57	39	21
48	3	66

5

または

または　　または

指導の手引き
1 (1)下の図より，短いテープの長さは，
200−20=180，180÷2=90(cm) です。

（図：長いテープ・短いテープ，20cm，2m=200cm）

(2)長いテープは，
90 cm+20 cm=110 cm=1 m 10 cm
200−90=110(cm) でも求めることができます。

2 (1)右の絵からバナナ3本とレモン1個を消すと，レモン2個の値段が 240−120=120(円) とわかります。レモン1個は，120÷2=60(円)

3 (2)はじめが16で，7が9回増えるので
7×9=63，16+63=79

4 (2)アの数…48+66−75=39
(12+75−48=39 でもよい。)
したがって，列の合計の数がわかります。

12	75	
	ア	
48		66

☑解答

1 (1)180 m　(2)28人

2 (れい)

(1)

(2)
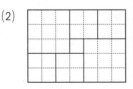

3 (1)子ども　1人…800円

　　大人　1人…1600円

(2)7200円

4 (1)10こ　(2)64こ

指導の手引き

1 (1)木と木の間は 31−1=30(か所) あるので，端から端まで 6×30=180(m) です。

(2)先生と先生の間は 8−1=7(か所) あるので，子どもが 4 人ずつ入ると 4×7=28(人) です。5 m は答えには関係ありません。

3 (1)「大人 1 人と子ども 1 人」の入園料は「子ども 2 人と子ども 1 人」の入園料，つまり「子ども 3 人」の入園料と同じです。したがって，子ども 1 人の入園料は 2400÷3=800(円) です。

大人 1 人の入園料は 800×2=1600(円) です。

(2)1600+1600=3200，800×5=4000

3200+4000=7200(円)

4 (1)1 段ずつ数えて，1+2+3+4=10(個)

(2)青い正方形が 1+2+3+4+5+6+7=28(個)

白い正方形が 1+2+3+4+5+6+7+8=36(個)

合わせて 28+36=64(個)

1+3+5+7+9+11+13+15=64(個) でも求めることができます。

☑解答

1 (1)43　(2)43　(3)173　(4)48

(5)56　(6)54　(7)140　(8)3000

2 (1)222　(2)850　(3)138　(4)483

3 (1)20　(2)540　(3)10　(4)6　(5)32

4 290円

5 55人

指導の手引き

1 (7)2×7=14，計算するときに省いた 0 を 1 個つけて 140 です。

(8)5×6=30，0 を 2 個つけて 3000 です。

2 (1)
```
   11
  139
 + 83
 ────
  222
```
(2)
```
   11
  465
 +385
 ────
  850
```
(3)
```
   19
  2Ø4
 − 66
 ────
  138
```
(4)
```
   6
  7Ì9
 −236
 ────
  483
```

3 (1)1 L=10 dL の関係を使います。

(2)1 m=100 cm の関係を使います。

(3)30 分+40 分=70 分=1 時間 10 分 なので，2 時間と合わせて 3 時間 10 分です。

(4)4+4+4+4+4+4 は 4 が 6 個だから 4×6 と同じです。24 と答えないように注意しましょう。

(5)23+45=68 □は 68 とたすと 100 になる数なので，100−68=32

4 チョコレートが 6 個で 20×6=120(円)

ジュースを合わせて 120+90=210(円)

おつりは 500−210=290(円)

5 男の子と男の子の間は 28−1=27(か所) あるので，女の子が 27 人入ります。28+27=55(人)

☑解答

1 (1)イとク　(2)クケ(ケク)　(3)⑤

2 11こ

3 (1)2 m 16 cm　(2)4 m 24 cm

4 (1)12番目　(2)4人

指導の手引き

1 (1)(アとイとク)，(ウとエとキ)，(コとケ)，(オとカ)がそれぞれ重なります。

(2)アとク，コとケが重なるので，クケの辺が重なります。

(3)はこの形，さいころの形では，ある面と隣り合っていない面は向かい合った面になります。また，はこの形では向かい合う 2 つの面は大きさや形が同じです。

2 図のように 11 個の三角形があります。

3 (1)4 本つなぐと，つなぎ目は 3 か所になります。

つなぐ前の全部の長さは 60×4=240(cm)

つなぎ目は全部で 8×3=24(cm)

240−24=216(cm)=2 m 16 cm

4 (1)簡単な図をかいて考えると良いでしょう。

←前

○○○○○○●○○○○○○○●○○○○○○

前から7番目↑　　　↑後ろに8人

ようこさん　たかしさん

115 仕上げテスト ③

☑解答

⭐ (1) 92　(2) 18　(3) 152　(4) 168
(5) 36　(6) 49　(7) 240　(8) 2400

⭐ (1) 320　(2) 962
(3) 77　(4) 307

⭐ (1) 3000　(2) 208　(3) 110
(4) 8　(5) 8

⭐ 63 ページ

⭐ 44 まい

指導の手引き

⭐ (1)
```
      1 1
    2 6 3
  +   5 7
  -------
    3 2 0
```
(2)
```
      1 1
    3 7 5
  + 5 8 7
  -------
    9 6 2
```
(3)
```
    0 2
    1/3 6
  -   5 9
  -------
      7 7
```
(4)
```
      5
    6 6̷ 2
  - 3 5 5
  -------
    3 0 7
```

⭐ (1) 1 L=1000 mL です。
(2) 2 m=200 cm，200+8=208（cm）
(3) 2 時間 30 分=120 分 +30 分=150 分
150 分 −40 分=110 分
(4) 4×7 は 4 を 7 個合わせた数です。
「4×7+4」は 4×7 に 4 たした数なので，4 を 8 個
合わせた数と同じです。
(5) 先に（ ）の中を計算すると，12+20=32
32÷□=4 で，4×8=32 だから□の数は 8 とわか
ります。

⭐ 3×7=21，21+21+21=63（ページ）

⭐ 8 枚あげると，あきらさんのカードは 60−8=52
（枚）になります。弟は 8 枚もらって 52 枚になるので，
はじめに持っていたのは 52−8=44（枚）です。

116 仕上げテスト ④

☑解答

⭐ (1) ① 4　② 5　③ 6
(2) イとウ
(3) ウエ
(4) 12 本

⭐ (1) 8 こ　(2) 12 こ

⭐ (1) 17 cm　(2) 82 cm　(3) 48 こ

指導の手引き

⭐ (1)向かい合う面の見つけ方については，63 ページの
指導の手引きを参考にしてください。
(2)（アとイとウ），（カとキとク），（エとコ），（オとケ）が
それぞれ重なります。
(3)アがウに，コがエに重なるので，アコの辺と重なる辺
はウエです。
(4)さいころの形，はこの形には辺が全部で 12 本ありま
す。

⭐ 四角形が重なっているので，数えまちがいがないよう
に気をつけましょう。四角形が 1 つのもの，2 つを組
み合わせたもの，3 つを組み合わせたもの…のように整
理して数えると，もれや重なりが少なくなります。

⭐ (1) 1 cm がいくつあるかを数えるとまちがいやすいの
で，たての線（=2 cm）と横の線（=3 cm）がそれぞれ何
本あるかを数えて長さを求めます。
(2)たての線（=5 cm）が 8 本と，
横の線（=7 cm）が 6 本あるので，
5×8=40 と 7×6=42 を合わ
せて 82 cm です。
(3)点は，たてに 6 個，横に 8 個
並んでいるので，6×8=48（個）です。

117 仕上げテスト ⑤

☑解答

⭐ (1) 1010　(2) 870
(3) 317　(4) 156
(5) 270　(6) 5600
(7) 9　(8) 80

⭐ （左から）
(1) 4，7　(2) 4，8，3
(3) 3，2　(4) 2，2，7

⭐ (1) 200　(2) 5 m 20 cm　(3)午後 3 時
(4) 9　(5) 140

⭐ 122 こ

⭐ 153 人

指導の手引き

⭐ (1)
```
      1
    2 7
  + 4 8
  -----
    7 5
```
(2)
```
      1
    3 8 2
  + 4 5 3
  -------
    8 3 5
```
(3)
```
    8 2
  - 3 8
  -----
    4 4
```
(4)
```
    6 2 0
  - 2 8 7
  -------
    3 3 3
```

⭐ (1) 1 dL は 100 mL です。
(3)午前 11 時から 1 時間後が正午だから，4 時間後は
正午の 3 時間後で午後 3 時です。
(5) 1200÷3=400
260+□=400 となればよいので，
□=400−260=140 です。

⭐ 弟は 65−8=57（個）拾ったので，たかおさんと合
わせて 65+57=122（個）になります。

⭐ 40 人のバス 4 台で 40×4=160（人）が乗れます
が，1 台は 7 人分の座席が空いていたので，
160−7=153（人）が乗っていたことになります。

118 仕上げテスト ❻

☑解答

★1 (1)8本 (2)21こ

★2 (1)3982 (2)8809

★3 16さつ

★4 (1)10こ (2)30こ

指導の手引き

★1 (1)旗と旗の間の数は 63÷9＝7(か所) で
旗は 7＋1＝8(本)
(2)7か所に 3個ずつ石を置くので，3×7＝21(個)

★2 (1)千の位の数から考えます。3000台の数と8000
台の数では 3000台の数が 5000 に近い数になるので，
3000台の数でいちばん大きい数を考えます。
(2)いちばん大きい数は 9832，いちばん小さい数は
1023 なので，9832−1023＝8809 です。

★3 図鑑は「左から 5さつ目」にあるので，図鑑より左
には 4冊の本があります。同じように，図鑑より右に
は 11冊の本があり，全部の本の数は
4＋1＋11＝16(冊) となります。
別の考えで，図鑑も含めて左に 5冊，右に 12冊とし
て，図鑑を重ねて 2回数えたことを考えに入れて
5＋12−1＝16(冊) とすることもできます。

★4 (2)この立体を，上，前，後，左，右の 5つの方向か
ら見ると，それぞれ下のように面が見えます。

上　　　前　　　後　　　左　　　右

この見えている面を赤色に塗るので，赤く塗られた積み
木の面は 6×5＝30(個) です。

119 仕上げテスト ❼

☑解答

★1 (1)360 (2)270 (3)280

★2 (1)13本 (2)31本 (3)7番目

★3 (1)ア…$\frac{1}{5}$ イ…$\frac{3}{5}$ (2)ア…$\frac{4}{7}$ イ…$\frac{6}{7}$

★4 (1)1m23cm (2)40分間 (3)1296m

指導の手引き

★1 (2)6×5 を先に計算します。
6×9×5＝6×5×9＝30×9＝270
　　　　先に
(3)25と45，26と44，27と43，28と42をた
すとそれぞれ 70になるので，70が4つで280にな
ります。

★2 (1)実際にマッチ棒をかいてみましょう。どの部分が増
えるのかに注意してかくと，理解が深まります。
(2)1番目から 4番目までのマッチ棒の数は，4本→7
本→10本→13本 というように，3本ずつ増えてい
ます。1番目から 10番目までには 3本ずつ9回増え
るので，3×9＝27，4＋27＝31(本) です。
(3)4本 → 7本 → 10本 → 13本 → 16本 → 19本
→ 22本 より，7番目です。

★3 (1)1目盛りは $\frac{1}{5}$ です。(2)1目盛りは $\frac{1}{7}$ です。

★4 (2)15分から35分はひけないの
で，1時間を 60分にくり下げて 75
分にします。

$$\begin{array}{r} 7 \quad 75 \\ 8時\ 15分 \\ -\ 7時\ 35分 \\ \hline 40分 \end{array}$$

または，7時35分から8時までは 25分，8時から
15分と分けて考えると，
25分＋15分＝40分 となります。
(3)3776＋3776＝7552，
8848−7552＝1296(m)

120 仕上げテスト ❽

☑解答

★1 (1)340円 (2)30円

★2 (1)15こ (2)8こ (3)3こ

★3 (1)午前11時27分
　　(2)午後2時12分

★4 ア…9 イ…31 ウ…5

指導の手引き

★1 (1)「ノート1冊と鉛筆3本で170円」で，「ノー
ト2冊と鉛筆6本」はこの 2つ分になることに気がつ
けば簡単です。気づくための手がかりとして，ノートを
□，鉛筆を／で表して簡単な絵図をかいてみると良いで
しょう。
□　　／／／　　　　…170円
□□　／／／／／／　…170＋170＝340(円)
(2)ノート2冊と鉛筆1本で190円，(1)よりノート2
冊と鉛筆6本で 340円なので，その差の鉛筆5本が
値段の差にあたります。

★2 (2)次のように 8個あります。

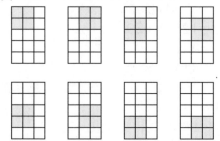

★3 (2)今から 1時間後は 11時42分，2時間後は午後
0時42分，3時間後は午後1時42分，さらに30
分後は午後2時12分です。

★4 アは，2＋7＝9
ウの左横の数は 8−7＝1，ウの左下の数は 14−8＝6
だから，ウは，6−1＝5